生根蘭田

初芽、耕耘、繁衍、豐年
取之社會，用於社會，心存感恩

稻田裡走出來的蘭陽之光
蘭揚食品創辦人陸根田分享超越
一甲子的精彩奮鬥故事

作者 陸根田

【推薦序】令人敬佩的企業家典範

陸根田先生自幼在宜蘭鄉下勤耕農田，事親至孝，自幼投入農事工作，幾乎全年無休，上學前、下課後都是在農地裡工作，養成他勤奮負責的做事精神。

即其成長、退伍之後，毅然離鄉，赴臺北工作，在迪化街送貨，勤奮負責的態度，讓雇主深為器重。然而騰龍無居於一室之志，陸先生隨即自行創業，以賣海蜇皮為其主要業務，後來與其夫人何明娥女士一同開拓各式產品，胼手胝足，艱辛創業。從大批發到超級市場通路的行銷策略，從臺灣的貨源開拓至國外貨源，逐漸讓蘭揚食品超越迪化街的傳統批發市場，而建立國際性的食品通路。

陸先生秉持吃苦耐勞的精神，到東南亞、中國大陸尋找海產貨源，馬不停蹄的奔走在東南亞國家沿海的城市，足跡甚至遍及美洲大陸墨西哥。勤儉、勤奮、謙虛、踏實的個性，讓陸先生在商業界結下很好的善緣，從迪化街的大商賈，到臺灣及海外的食品企業家，都與陸先生建立深厚的情誼。這使得蘭揚食品的海產與調味料理的銷售地區，擴及到美國、歐洲、東南亞及中國大陸等諸多國家地區，成為臺灣調理食品行業的楷模。

陸先生與夫人非常重視研發，數十年來結合海洋大學等知名教授，指導食品安全控管、食品產製流程、員工管理的合理化等，使得蘭揚食品成為全世界海產及調理食品的知名品牌。

除了事業的傑出成就，陸先生非常孝順，週末必親臨故鄉，看望父母親及兄弟姊妹，對於其夫人娘家的母親及兄弟姊妹，也至為關懷照顧，是岳母心目中最孝順的好女婿。陸先生打造企業品牌之際，不忘行善之路，二〇〇〇年與夫人正式皈依　證嚴上人，受證為慈濟委員。二十多年來，致力於慈善救濟等工作不遺餘力，做到付出無所求，付出還能感恩的慈濟核心精神與理念。

二〇一七年，陸根田先生以傑出的事業成就與謙卑和順的為人，當選為臺灣水產公會理事長，致力於臺灣水產事業的提升與推廣，連續兩屆的承擔公會責任，源自於他與人和善，認真負責的領導風格。

他在事業、家業、志業都圓滿成就之際，能不忘學習更上一層樓，在淡江大學攻讀碩士在職專班，提升管理與行銷的智慧。將所學所知致力於開拓臺灣食品產業的下一代生機，包括兼顧 ESG 環保及社會永續的食品開發，以及線上通路的建立。期能以數位商業平臺以及超越肉食產品（Beyond Meat）的產業創造力，開拓蘭揚食品與臺灣食品的未來。這是陸先生在自我企業成就之際，希望為臺灣社會以及地球環境永續付出一份心力。

以他創業的精神與成就，讓臺灣的食品產業再締造一個令人敬佩的企業家典範。我與陸先生相識、相知數十年，謹以誠摯的心推薦本書。

慈濟慈善事業基金會副執行長　**何日生**

【推薦序】創辦人的人格特質決定企業文化

親愛的讀者，我欣然為您介紹一個充滿汗水、堅持和創新的食品「臺灣之光」奇蹟，與大家分享一位農村子弟與親愛的妻子，白手起家的食品企業創辦人的故事。這是一個從無到有，憑藉著機遇、堅持和夢想，充滿艱辛、挑戰、奮鬥與成功失敗交錯的旅程。而我多年來，有幸為陸董蘭揚企業的技術顧問，見證了部分蘭揚創業歷程中的點滴，也非常榮幸地能為本書撰序，推薦與您分享這個令人振奮的故事。

陸董並非生於食品世家，幼時務農的歷練，培養了他勤儉、忍耐、堅毅與誠信的人格特質，對於他後來在就業初期三次轉業都受到老闆信任，並願意傾囊相授產業經營經驗，奠定自己創建「蘭揚」品牌有絕對的關聯。這個過程推翻世俗「不要輸在起跑線」的錯誤認知，是強調「正確的跑步姿勢」更重要。企業經營不單是百米賽跑，更像長途馬拉松競賽，創辦人的人格特質決定了經營文化、營造了管理氛圍，才能吸引理念相同的團隊，讓產業永續發展與壯大。

讀者也可以從這本書的背景環境，睽略出早期臺北市珍奇食材的發展縮影，所以它更超越自傳式的獨白，還帶出了神祕迪化街與國際高檔食材接軌的林林總總，這些從未在任何食品科學教科書出現的「眉角」，就在陸董娓娓道來的故事中，呈現出他所參與的歷史活見證，增加了本書的閱讀價值。

任何成功企業，夫妻倆的辛苦經營是不可或缺的，除了家庭內相夫教子外，陸夫人何明娥女士在蘭揚企業成長過程中所灌注的原力，舉凡財務管理調度、營銷策略規畫、新品口味研發、精準品牌定位與穩健成長轉型等軌跡，都可以從書中見證他們相輔相成與不屈不撓的努力。

本書描述一場沒有假日的奮鬥，卻也是他們共同累積一個個小勝利而成就大成功的心路歷程，雖沒有龐大的資本作後盾，擁有的是對品質的執著和對創業的無窮激情，在這樣的信念推動下，他們夫婦攜手共創了一個屬於他們的食品王國。

從初期的產品只能在傳統市場裡露臉，然而藉著對品質的嚴格要求，讓品牌贏得了客戶與消費者的信任。這可以從在宜蘭利澤工廠的生產線上，品保主管皺著眉頭的一句話，就可以讓產線停機得到印證。品質的堅持，成為了他們事業的立足之本，也是他們日後走向國際市場的底氣。初試啼聲的外銷業績，雖不可能一蹴即成，但透過對當地市場的深入了解，他們不斷調整產品配方，滿足不同地區的口味喜好，成為他們成功的關鍵。而如今，他們開始將這份事業傳承給二代接班，延續了父母的理念，同時注入了新的活力和創意，這是一個企業家心中最美的時刻，見證事業的延續和發展。

在這本自傳中，您將深入了解一位食品產業老闆的堅持、努力和成功，這是一個關於夢想、品質和家族傳承的故事，也許它會為您的職業生涯和創業夢想帶來一些啟發。我有幸在這故事中參與並為它寫序，期待這個故事能夠激勵您繼續追求自己的夢想。

國立臺灣海洋大學食品科學系教授 **張正明**

【推薦序】臺灣經濟發展的縮影

認識蘭揚食品陸董事長、何總經理已經有數年之久，當初因為蘭揚食品的大公子在淡江大學就讀國際行銷碩士在職專班而結緣。

在疫情期間，必須要受限於實體的接觸，而改採用網路上課，因而透過網路上課的方式，有緣認識了董事長和總經理夫婦，進而引發董事長和總經理回到校園進修的想法。經過兩年的相處下來，兩位長輩一直是本人尊敬和學習的對象。

得知董事長要出書，並且承蒙被董事長邀請寫序，懷著喜悅的心情閱讀完本書之後，心中不禁感慨萬千。本書是近年來本人所閱讀的書籍當中，少見的佳作之一，董事長夫婦把整個創業的過程，在書中毫無保留的跟各位讀者分享。因此，如果是對於創業有興趣的人士，或是在企業經營上面的管理者，相信閱讀完本書之後，應該都會有一定的幫助，並且在職場上面再步步高升。

另外，本書的敘述歷程，就像是整個臺灣地區經濟發展的縮影，從早期的農業社會進入到現在的工業化的歷程。陸董事長因為當兵結識到貴人，而到臺北市的迪化街發展，這可以代表整個臺灣地區，從農業社會進入到商業時代的縮影。

而當海蜇皮貿易興盛之後，董事長夫婦並不滿足一個小小的店舖，從而轉型成為進出口原料的貿易商。而最後，當貿易擴張到一定規模之後，董事長夫婦又決定回到成長的故鄉：宜蘭，建立工廠，以回饋故鄉，這代表蘭揚食品從國際貿易轉型到國際企業。因此，本書的歷程其實就是整個臺灣經濟的發展歷程，相信對於經歷過臺灣經濟起飛還有發展的人們必不陌生。

最後，誠摯祝福本書能夠順利上市並大賣，對於想要從事商業行為的讀者，不管您現在是處在逆境還是順境，希望在閱讀完本書之後都能有助益。

淡江大學國際企業學系副教授
張勝雄

【自序】自造福田，自得福緣

我的名字叫「根田」，一看名字就知道我是農家子弟，看起來有點土，但很多人都羨慕我的名字很特別，於臺灣可能僅此一家別無分號。

我出生於五〇年代（四年級生），那時封閉的農家要念到高中實屬不易，有幸因祖父年輕時曾服務於玉田國小工務，知道讀書很重要，並在暗中推我一把。雖然求學參雜繁重的農事工作，但我並沒有因此而荒廢學業，且能在學校得到滿滿的養分，讓我後來於經商時信手拈來得以應用。

出版這本書純屬意外，本人才疏學淺，從沒想過出書的念頭，有一天大舅子何日生跟我提議，可以出一本書，與新一代的朋友分享。在我青年時期剛好碰到社會大改變，處於人力與機械代工的轉捩點，也正好看到臺灣經濟起飛的年代，很多朋友也許沒有經歷過，讓我在記憶還處於清晰之際，將我一生的奮鬥史作為紀錄，不管是給後代子孫留作紀念，或是正在創業的朋友可以相互切磋琢磨。

本書內容皆為真人實事，沒有畫蛇添足，也沒有肥皂劇情，只是想以真誠之心、真實之事與大家分享。本書講述我的童年，到現在剛好一甲子，童年在物質缺乏的時代，父母如何省吃儉用把孩子拉拔長大，而孩子也在物資極度缺乏中安分守己跟著成長，弟妹們承接穿著兄姊留下來的舊衣服，從不嫌棄衣服的新舊、樣式，甚至多次的縫縫補補，也不會吵著要買新衣新褲。

還記得小時候，媽媽把人家送的麵粉袋做成衣褲前，可能是白色容易髒，或袋上印有「中美合作」、「麵粉二十公斤」等字樣太凸顯，不曉得從哪裡拔回樹葉或塊根染料，將麵粉袋染成深藍色或暗紅色，再縫成內衣褲，因為是新做的，當然捨不得穿，只有等到農曆年才會拿出來穿。而零食更是少得可憐，記得住家旁邊有顆芭樂樹，每顆芭樂總是留下幾十個指甲摳痕（試驗果實熟不熟的方法），孩子各個都想拔得頭籌，有時果實還很青澀就搶摘來吃，甚至芭樂樹的嫩芽加鹽巴，也是另一種零食的來源，可想當時的孩子是多麼渴望有零食吃。

我在求學階段因領悟強，種田、種菜、養禽畜或做任何事皆遊刃有餘，假日更得外出打零工賺錢，小四已是大人樣，不畏懼跟二哥到外地割稻賺大人工。國中時便跟著大哥打泥水工，能挑上百斤的砂石及扛五十公斤的水泥包。高中時期白天上課，晚上在寒雨月黑風高時去海濱，與海搏鬥抓鰻苗，甚至農忙可以放棄參加高中畢業典禮。上述種種也許是環境因素促成我快速成熟長大，做一些超齡的工作，其實也是協助家裡經濟的另一種甜蜜承擔吧！

有人說，現代的年輕人是草莓族，但是我有另一種見解，我認為現在是科技快速發展的時代，沒有時空背景讓年輕人借鏡，可以有所依循，加上新鮮人速食心態，想早點成就卻又耐心不足，一碰到困難就改弦易轍、重新再來，因此相對來說，成功的機率就會降低。要成功的另一個因子是勤儉毅力，它不是與生俱來的，而是在逆境中養成的，於書中略有闡述，希望對讀者有所幫助。

一般來說，農家子弟一生就是種田，鄉下的生活圈很小，很難改變當時的生活方式。然而種田與經營食品公司是不相干的平行線，為什麼會讓我有這麼大的轉變呢？話說一九八〇年，我服兵役要移防金門，留守部隊要跟另一師先遣部隊做業務交接，當時交接人員有位林哲雄同袍，他小時候住在我家隔壁村，礁溪二龍村人，我們特別有緣，而留了聯絡地址及電話，也成了我退伍後去臺北迪化街八達行工作的因緣。後來進入金聯食品行，學習了南北雜貨等知識，更要感謝伯樂亞印食品公司，讓我以賒欠的方式賣了海蜇再還款，奠定自營公司的基礎。

我於二十七歲開始創業，既不是商二代，也非富二代，在經驗不足及資金極度匱乏的情況下，如何在困境中突破，當上帝關了一扇門，在另處已開起一扇明亮的窗等著你。自營公司之始面臨千頭萬緒，包括店面找尋、人員管理、資金運作、採購出貨、業務推展等諸事蜂擁而至，要極有耐性一一克服。因為我是第一代經營，沒有任何傳承，更沒有資深的職員可以諮詢，凡事都是陌生的第一步，如履薄冰、如履深淵，小心翼翼去嘗試開拓，一路走來難免跌跌撞撞，還好迪化街商圈及各地商家老闆不吝支持與幫忙，才能夠一步一腳印繼續往前行進。謹特此感謝八達、金聯、富榮、亞印、燈塔、成泰、聯怡及海集等商行的鼎力相助，特別要感謝黃長健董事長，他不僅是良師亦是益友，我能娶到老婆亦應記他一筆功勞。

書裡我還分享了加入慈濟行善的團體，在踏入社會之初，就一直涓滴護持功德會，並於二〇〇〇年雙受證，成為慈濟委員、慈誠，於此希望在忙於事業之際，也能盡自己微薄之力，自造福田，自得福緣，自許保持赤子善念之心，亦能對社會盡菲薄善的力量，就如　證嚴上人所說的「口說好話、心想好意、身行好事」與「付出無所求」的信念。

最後，再度感謝人生旅程中所有幫助我的貴人，因篇幅之故，無法一一列名詳述感謝，沒有您就沒有現在的我。此時此刻榮耀屬於您的，並以您為榮。

目次

耕耘

繁衍

豐年

志業篇

願景篇

YILAN 宜蘭

蘭芷之鄉　揚名海內　惠及寰宇

陸根田老家及宜蘭地標龜山島全景

陸根田夫婦於宜蘭礁溪玉田老家前合影

蘭陽之光首部曲

初芽

那雙樸實的雙手，來自大地的孕育，

在陽光下勤勞栽植，

寫就一生勵志的奮鬥……

祖父陸維政（第一排左一）時任玉田國小工務

導師簡宗明（下右）高中同學合影（上左一）

服役於金門裝甲指揮部

1984 年創業初期於
迪化街商圈辦公室

1986 年斜槓副業位於
南京西路峯奇咖啡

於 90 年代迪化街 - 年貨大街現況

童年篇

天光尚未甦醒，猶帶著涼意的風，伴隨著泥土及野花的味道，已經穿門弄戶地掀起各家瓦屋的人聲沸騰。主婦們早已起灶作飯，男人們有的扛起鋤頭，穿越布滿晨露的草地開始勞動；有的已巡過了一輪水田，準備走回來用早膳。甚至有的人從昨夜至今都尚未闔眼，例如少年陸根田和他的兄長，為了灌溉疏通水圳，忙了個通宵達旦，一回到家，沒時間上床補眠，趕在上學前的這段時間，還有很多農事讓他操忙。

當晨曦逐漸照亮了這個世界，放眼四周是水天一色的當季稻田，少年陸根田赤足跑過田埂，經過自己親手用稻梗堆疊的草垺（稻草堆），經過自家那頭悠晃著啃草的老牛，也經過他日復一日看慣的農村風景。在他的書包裡放著課本以及幾支短小鉛筆，在他的校服口袋裡，則連一毛錢都沒有。

少年的眼裡，閃耀著一種鄉下人的單純，以及不怕吃苦的毅力。

當他奔跑在蘭陽平原的這一方小小土地，他不知道將來有一天他將成為蘭陽這塊土地上的一個榮耀。

他只知道，陽光下萬事萬物欣欣向榮，而他要用盡全力把所有該做的事盡量做到最好。

玉田村的勤懇

當人們翻山越嶺，走過九彎十八拐，進入蘭陽平原，首先進入眼簾的印象是龜山島。第一個人煙聚集的城鎮則是頭城，然而這些通常都只是路過的風景，真正第一個屬於蘭陽盆地、令旅人駐足的繁華所在是礁溪，這裡是進入宜蘭都會區前的觀光前哨站，也是臺灣著名的溫泉之鄉。

但溫泉觀光區域只占礁溪鄉的一小部分，稻田農作才是這裡的生力軍。簡單區分，鄉境西半部屬於山區，穿越崇山峻嶺的另一方，就是首都大臺北；然而相對應的東半部，卻是地勢非常低窪，甚至很多地方都低於海平面，乃至於早年政府尚未做土地重劃及防洪規畫前，這裡年年與水患共處。陸根田回憶起自己的成長時代，腦海中出現的就是颱風過後的遍地水澇，那種看著全年無休、辛勤耕耘的血汗成果，一夕間化為烏有的心境，真正是所謂的「袂哭無目屎」。

也正因為經歷了太多這種「欲哭無淚、無語問蒼天」的無情坎坷，才讓從小在農事中打滾的陸根田，最終選擇走出這個傷心地，另闖一片天。但他成功立業後，不僅為鄉里帶來就業機會，也為臺灣爭取外匯。在心底，他永不忘記自己是個蘭陽子弟，當他事業版圖擴及兩岸，產品銷售到歐美各國之際，仍以「蘭揚」（蘭陽）之名，享譽國際、立足世界。

礁溪是蘭揚食品創辦人陸根田的故鄉，玉田村古代稱「茅埔」，則是孕育他的養分根源之地。從成長時代到學生時代，長達近二十年期間，即是他少年人生的主舞臺。

五、六歲就開始下田

陸家是玉田村的資深居民，從陸根田的曾祖父一輩，就已在此開墾田園，到祖父、父親一代已經安居立業，雖不算富裕，但也有著自己的田產。一家勤懇踏實，在此安身立命，日出而作，日落而息。或許不能說日落而息，就以陸根田自身的成長記憶來說，很多勞動是沒日沒夜的，一年四季有不同的農忙事務要耕作。

陸家不只有幾甲田地，也有菜園及山上果園，秉持著臺灣老一輩節儉的性格，所有資源都不能浪費，就以稻米種植為例，除了最終帶穀稻米可以賣出作為米飯，其中稻梗可用來編製草繩，甚至編織成賣錢的「草包」，不會隨便丟棄。農作物生產的種種流程，因春、秋兩季變換，除了稻米還從事不同的農事，從生產到最終的銷售，都需要珍貴的勞力，所以陸根田從小就已經習慣，吃苦當吃補，每天當農灶起炊煙，就是勞動、勞動、勞動。

如果以現代眼光來看，靠著機械幫忙，很多工作會變得簡單又快速，但陸家開始引進簡單的農機設備，已經是陸根田高中時候的事，過往的成長歲月，他都是靠著雙手雙腳，一步一腳印的投入每一件費力的農事。所謂「汗滴禾下土」，不只是忙碌時的寫照，而是周而復始，汗水不知流過千百回。

最早開始下田，是在他莫約五、六歲的時候，基本上兩、三歲學會走路時，就早已習慣農村的作息，會跑步並且已經聽得懂大人的指令，開始陪在家人身邊下田幫忙。陸根田至今都還記得，田裡的作物都比他長得高，大人們走在前面割稻，小小年紀的他就負責在後頭收集稻穗，然後將一小捆一小捆的稻穗遞送給打稻穗的師傅，打完稻穀的稻草隨後會綁成一束，叫做「紮草」，並在晴天時一束一束的曬乾。

別以為這只是清理廢棄物般的小事，由於這些打完稻穀的稻梗，都是可以加工賣錢的，也算珍貴，若這些草料被雨淋濕，品質就不佳了，所以有時候要跟天氣比速度快。偏偏宜蘭在收成的季節，也同時是西北雨或東北季風的季節，可能之前都還陽光燦爛，轉眼間卻風雲變色，滂沱大雨鋪天蓋地打下來。

當曝曬稻草的時候，只要一感覺天色不對，就要趕在下雨前，把這些草束收集成為草堆，免於淋雨。有時候一天會這樣：攤開曝曬、趕緊收回，又攤開曝曬又趕緊收回，如此來來回回兩、三次。而若是沒計算好，沒來得及收集，淋過雨的稻草就會失去原本金黃色的亮眼外表，變得比較暗沉，結成草繩或草包就賣不到好的價錢。所以記憶中，大人們會在大雨來臨前先搶收稻埕上的稻穀，然後再搶收田裡的稻草，而小孩子就得參與搶收的工作。

五、六歲的陸根田，力氣已經不小，搬運稻草時，小小孩可以一肩挑兩綑。而隨著年紀越大，他可以承擔的重量越多，初始走田埂還會搖搖晃晃，沒多久就可以挑重擔走田埂如履平地。到小學四、五年級，不僅可肩挑幾十斤的綑草，甚至可以挑兩簍上百斤的稻穀。

挑稻穀用的扁擔，一般是用木材做的，但挑稻草用的則是竹子做的，兩邊削尖形狀的，稱做是「籤擔」。陸根田少年時代就已經是力壯如牛，以這樣的體力，他在非農忙季節都還可以跟著哥哥去當水泥工，不論扛水泥包或挑砂石，對他來說都不是難事。

克難的就學

如果說在學齡前就已經是農務的好幫手，那麼年紀再大些，自然成為耕田的主力。

如今陸根田雖已是個企業家，然而對於年少種田的那段成長時光，陸根田回想過往還是有很多的懷念，他甚至在事業繁忙之餘，還會沉思回憶尋找舊時的農務照片，跟後來逐漸機械化後的農耕模式做對比。有時候搭乘國際航班到海外做商務考察，坐在舒適的機艙內，看著窗外其他國家的田園，也會想起那段整天赤足踩在泥巴裡的歲月。

很多詩句的意境，陸根田不需要去揣摩，因為那就是他曾經的寫照。田園詩人陶淵明的詩句：「晨興理荒穢，帶月荷鋤歸。」小時候，陸根田最常做的事正是「理荒穢」，三天兩頭就得去耕作。又因種稻有春耕跟秋耕兩季之分，才剛忙完一季，又要趕下一季的農務操忙，一刻也不得閒。

耕耘前，要先割田埂的長草，再用「犁」翻土，接著踏「割耙」切割泥塊，再接著駛「手耙」將鬆土高低整平，最後用「碌碡」把泥地壓平，接著才可以插秧，這就是牛耕作的整個過程。此外，等到收成季節，成人負責割稻、打稻，孩子們也要在旁邊協助，那時候採收的工具，是最原始的「打稻機」，必須靠大人用雙腳交替死命的踩，當輪軸滾動時，上面有釘子會把稻穗整把整把的打下來，再將打到木箱裡的稻穀，裝進竹簍裡挑回家重新整理，把稻穀跟稻葉分離出來並曬乾。

跟草有關的另一個記憶，就是放牛。陸根田小時候也是一個牧童，只不過對他來說，這是鄉下小孩普遍的日常，事實上，相對於其它農務，放牛還算是比較輕鬆的工作。陸家養了一頭水牛，對小孩子來說，那是隻超大的動物，但牛的個性非常溫馴，有時候邊放牛還可以邊帶著書本溫習課業。

談到課業，陸根田身為早期的農家子弟，當然不可能會去念幼兒園，那個年代更沒有什麼安親班，所以他是直接從小一念起。對陸根田來說，那時最大的困擾，就是一入學進度就已差人家一大截，很多孩子在學齡前就已經上過幼兒園，但當時的陸根田，卻連自己的姓名都還不會寫。念書對陸根田而言是非常吃力的事，但艱難的是，家裡早期較不在意孩子求學的過程，回家幾乎沒時間讀書，所以直到第一學期快結束，才學會寫自己的名字。

平常練字靠的也不是什麼練習簿，因為家裡沒有額外的文具及教具，也不可能在學校的課本上面塗塗寫寫，所以當時陸根田練字的場所是在曬穀場上，直接拿著碎裂的紅磚塊，克難的在水泥地上學寫字。

當年求學環境是如此艱苦，如今看著現代的孩子，有著最先進的3C設備，學校各種軟、硬體設備也應有盡有，讓陸根田覺得學生們若再不好好念書，就真的太可惜了。

左支右絀的小學時代

陸家的經濟並不窮困，但阻擾陸根田念書的不是經濟因素，而是當時務農都靠人工的年代，家裡本就有繁雜的農務要忙，所以不覺得念書對種田有什麼幫助。在小學求學過程，不說各種學雜費很難即時取得供應，甚至都拖了好久，學費還沒有去繳，至於零用錢那些的，就更不用說了。

陸根田至今仍非常懷念他的祖父，他永遠記得祖父對他入學非常的關心，所以很多時候，學費是祖父去學校幫他支付的，包括頭髮太長了要理髮，也是祖父帶他去理的。由於祖父自己年輕時也是玉田小學的工友，因此他反倒更關心陸根田的學業。

小孩子連學費都經常遲繳了，可想而知，小學時候的陸根田也不可能擁有鞋子，至於碰到雨天，現代人必備的雨傘、雨衣，陸根田也統統都沒有。他每天就是赤著腳上學，碰到下大雨，怕把衣服弄濕著涼，最克難的雨衣就是裝磷酸鹽的肥料袋，那些塑膠袋子是襯在稻草包內當成肥料的防水層，下雨時就被陸根田挖出來當雨衣。

說起來，當個學生要繳的費用其實也不是很多，有些能免的就盡可能省掉。例如學校舉辦的各種郊遊旅行，陸根田就自動放棄，但依然有些該花的錢逃不掉，好比說學校的美勞課，該繳的費用還是得繳，小二那年因此就發生一個風波。

小二那年，陸根田還不懂得如何看時鐘，當時課堂上要讓學生快點認識時鐘，老師指定每個學生要買一個「學習鐘」，記得那個鐘要價五元，雖然他後來也買了一個鐘，但好巧不巧，當時家裡剛好有人錢不見了，於是就質疑陸根田為何有錢買鐘。當下被懷疑偷錢，他還因此連著幾天被挨打，至今這件事在陸根田的心中依然無法釋懷。這就是陸根田的學生生活，能省的都省了，但偶爾還會碰到這類委屈的狀況。

前面有提過，陸根田根本不可能參加校內旅遊，有一次，學校原本的安排是，若下雨就是上課，天晴就可以去旅行。一早起來的時候，的確是下著大雨的，於是陸根田背著書包上學去，不料到校沒多久就雨過天青，學校宣布照原本規畫去旅行了。從前陸根田碰到要旅行的日子，都是直接請假不出現的，這回他被老師和同學盯著逃不掉，只好跟著大家一起去旅行。

小學生旅行的地方不會很遠，就只是去鄰鄉頭城的九股山，風景美不美，如今陸根田已經忘記了，他只記得當時很尷尬的一件事，人家都帶著便當去旅行，而他不但沒有帶便當，而且口袋裡沒任何零用錢，想買東西吃也沒辦法。到了午餐時間，當大家坐在涼亭休憩用餐時，陸根田就只能一個人偷偷躲到沒人看到的地方，當肚子餓極了，就去捧山邊的泉水來喝。對他來說，這真是一次終身難忘的小學旅行。

小學時代就開始打工

陸根田是家中七個孩子中的老五，上有兩個哥哥以及兩個姊姊，下面還有一個弟弟和一個妹妹，在陸根田的學生時代，最常跟他搭檔工作的是二哥。小時候的陸根田，就已經有著強健的體魄，很適合做粗工，換言之，就是因為常做粗工，讓他變得身強體壯，所以才小四的年紀，他就已經是個可以跟成年人比拚的壯丁。他和二哥去外地打工時，人家也不會看他年紀輕，就以童工的價碼聘用他，也是把他當成大人一般支付酬勞。

長年在農田中打拚，小學時候的陸根田就已練就各種農務技藝，例如他是個割稻高手，在外人眼中看他割稻，簡直就跟看變魔術一樣，怎麼鐮刀三兩下就割下一綑綑的稻穗。在田地裡，一般大人一次可以割四行稻，八棵為一束，兩束為一綑，才小學生的陸根田，手就很大可以一次抓八棵，他甚至高竿到可以左右開弓，就像個雙刀俠客。

當時其他農家割稻還會請他去協助，六年級的二哥跟四年級的陸根田，兩個個子都還是小小壯壯的，就常常四處去支援，甚至還曾經遠征到三星鄉大洲。二哥跟他一樣也是超級成熟，才小六就已經騎著大人的「歐兜賣」，載著陸根田從礁溪騎到大洲。

到了那裡，當地人只見到竟然來了兩個不知天高地厚的孩子，想賺大人酬勞，就有大人半笑著說，要跟他們兩個比拚較量。一開始，那個師傅還想在談笑中瀟灑取勝，從後面追看著陸根田跑，但漸漸地就笑不出來了，眼見著陸根田這個小學生割稻速度居然這麼快，還可以後來居上，師傅越割越慌，後來知道自己拚不贏，覺得面子掛不住，就跑到其他的點工作。

當時陸根田跟二哥這種去外地割稻的情況，其實就是類似現代大學生的打工，只不過賺來的錢，回到家統統要上繳，他再怎麼工作，口袋裡依舊沒半毛錢。除了農務，學生時代的陸根田另一項常參與的打工，就是做水泥工。那年代也是各種建設開始興旺的時代，很多鄉下地區都需要建設，特別是那時候很多機器尚未問世，大部分粗重的工作都依然要靠勞力。例如像攪拌水泥這樣的工作，不是靠混凝土車，而是以人力方式，將沙土、小石子還有水泥，以半人力攪拌的方式，混和成三合土。

那時的陸根田不僅體格強健，臂力也很強，對他來說，把砂石用畚箕這樣一趟一趟挑，水泥一包一包的扛都難不倒他，甚至工作到晚上八、九點也不成問題。成人後的陸根田，有時開車經過工地看到工人施工，就會回想起從前那段歷練，縱然大部分工作已經交由機器取代，仍覺得任何行業都有其辛苦的一面，他總是以感恩心看待不同職業的人。

農事真的不是一般人可以體會的

有時候兒孫輩聽陸根田回憶起從前，當他講起小學時代的故事，總會讓人覺得那似乎是大人才能做的事，但事實上，陸根田從小學時代起，就是個可以承擔很多重任的小大人。

可不要想成那是家長故意考驗孩子，實際上，那就是那個年代的孩子，到了年紀就該協助扛起的家務。他們不只要協助爸媽交辦的工作，也要主動去解決各類的疑難雜症，好比說插秧季節到了，但田裡缺水怎麼辦？這不能去找爸媽，陸根田跟二哥要自己想法子處理。

插秧是這樣子的：當秧苗插在土中，必須要淹上一層水，水太多秧苗會淹死，但也不能太少，缺水的話秧苗會乾枯掉。陸根田雖說農務已經很能幹，但到底他仍是個孩子，孩子是爭不過大人的。插秧時節，陸家要插秧，別家也要啊！偏偏陸家的田地是位在水道較下游的地方，也就是說，往往水還沒流到他們的田這邊，在中上游就被攔截光了。

那該怎麼辦呢？秧苗需要水。沒關係，白天爭不過別人，晚上總可以吧？於是兄弟倆就趁著夜晚時到上游去找水。所謂的夜晚並不是指傍晚，而是深夜以後，趁著大人在睡覺，大地一片漆黑，小學年紀的他，必須在黑暗不見五指的地方尋覓水源，找到水圳渠道要把一些堵塞的物品拿開，讓水往下游流。並且兩兄弟要合作，不僅要看水流，也要邊看秧苗是否得到灌溉，水過多過少都不行，必須要控制得宜，在這中間也還有很多狀況要一一去排除。

往往要折騰到黎明，才讓所有田地的秧苗都吃到水，才能結束工作，回家後稍做休息，就這樣一夜不眠的繼續第二天的工作。

農忙時節，陸根田就連課也不用上了，必須跟學校請假。在當年，農家學生占學校大半，所以學校對於請假這類的事也習以為常，不過比起其他人，陸根田請假的次數要來得更多，因為他已經被當成大人來使喚，農務的各個環節，他都必須參與。

所謂農忙，有時候除草也是一件重要的任務，秧苗插下去大約一、兩個月內，光是跪在田裡除草就要兩、三次，每次可能都要耗一、兩個星期，因為若是不趕快除草，到時候整片田地都會長滿雜草，把原本可以給秧苗的肥料都耗光。

因當年尚未有化工除草劑，沒有別的方法除草，一切都得靠人工。比起扛重物做粗工，跪地除草這件事對陸根田來說，更是一件苦差事，因為這件事靠的不是蠻力，而是手巧。除草過程不能傷到正常的秧苗，而一整天腰這樣彎著，到後來要站起來時，幾乎都直不起身，膝蓋也都受傷破皮了，所以農夫真的很辛苦啊！

這樣的苦工，春天跟秋天各一次，春天那一次是在三、四月，每當寒流來襲，冷颼颼的天氣，田中工作自然不可能穿太多衣服，所以邊瑟縮著身體邊除草，而且雙腿還要跪在寒徹肌膚內裡的冰水中，邊爬邊耙，有時候凍到受不了，要站起來跳一跳，免得手腳僵掉，血液疏通一下，再繼續跪下去除草。

秋天那一次正好相反，儘管說是秋天，其實仍是盛夏的溫度，尤其秋老虎肆虐，太陽當空照耀，頭上也只有斗笠遮掩，那種熱，流出的汗當下就蒸發，然後全身就像被抹上一層鹽膜，而且人跪在高溫熱水中，上下都濕透。後來到都市的陸根田會懷疑，現代怎麼會有那種有錢人刻意去做什麼日光浴，對他來說，小時候農忙時的曬太陽，就已經曬怕了。

後來陸根田服役後，選擇去都市打拚生活，主因是天有不測風雲，做農人看天吃飯太沒安全感了。另一個原因就是這類的折磨，冷則太冷、熱又太熱，若付出這麼多，最終卻仍換不得溫飽生活，那往其他出路走，就是必然的選擇。

中學時代繼續為家務打拚

談了很多小學時代的事，你可能會有一個錯覺，陸根田比人家更晚開始進入學校學習，然後平常又忙於農務，家長也沒有時間關心孩子的課業，那麼他的學習成績應該很糟吧？可能連繼續升學都有問題。

實際上，陸根田的學校成績是不錯的，有時候甚至還拿到班上第一名。除了剛入學小一那年，的確比較跟不上進度外，後來就逐步追了上來，小學畢業時，還名列前茅上臺領獎。

能夠如此後來居上，跟陸根田的個性有深厚的關係，從農事的操練中，帶給他最大的助益，除了強健的體魄外，更重要的是磨練他的毅力。也就是說，陸根田把他在工作時不怕苦的精神套用在讀書上，不會的功課就設法自學到會，這就是他的個性。

但是你也許會想，他哪裡還有時間念書呢？其實只要有心，就找得到時間。首先上課時，他自然要比別人更專心聽講，放學後，面對一件又一件的農事，沒關係，如果忙到很晚，那就念書念到更晚就好了。許多時候，像下課放牛時也可以讀書。陸根田記得他放牛的「資歷」很久，從未上學開始直到念高中時，他都還持續在放牛。大約到他要升高二那年，也正好是臺灣大環境由農業轉型為工商業的時候，當各類機具逐步成為田中一個常態的風景，陸根田也到了準備當兵步入社會的階段。

在念小學農忙的時間，陸根田都是天未亮就已起床，各種繁雜事務，包含農田、菜園許多雜事，忙到大約八點把腳洗一洗，才趕去學校上課，他通常都是快遲到的，老師都已見怪不怪。陸根田直到小學五年級才有自己的鞋子，因為那是學校硬性規定，即便如此，大部分時候他都捨不得穿，只有老師要檢查才穿給老師看，之後趕快脫下來，因此那雙鞋才能一直穿到小學畢業，那是他小學時代唯一的一雙鞋。

放學回到家繼續幫忙家務，等諸事告一段落後，大約已經晚上七、八點，那時候他才有空寫作業、看看書，而如果碰到考試，往往僅靠著大廳裡神明前一盞五燭光的燈泡，熬夜看書到天亮。陸根田也算是榮譽心很強的人，他不想要以家庭因素為藉口考出壞成績，他用行動證明，他不只是很會耕田的孩子，讀書成績也可以比其他孩子卓越。

這樣的他，順利升上了中學，不過對陸根田來說，他的日常生活依然不變，依然一年四季要邊操忙著農事，邊顧著課業，他也依然經常請假，包括他高中畢業典禮那天，他都因為家裡割稻而放棄參加。

克勤克儉的童年

以中學時代為分野，陸家跟著臺灣的農業發展一般，當時有很多人力工作逐漸被機器或化工取代。例如當年讓陸根田腰痠背痛的除草工作，後來就已有水田除草劑代勞，只要在田裡施灑那玩意兒，所有的雜草就都不會生長，讓陸根田內心喊著，這樣的東西為何不早一點發明？不過即便如此，為了省錢，陸家很多時候並不直接採用現代科技，所以陸根田到了中學時候，仍得承受著彎腰除草之苦。

陸家雖不算富裕，至少大家基本的生活應該都過得去，但是陸家的節儉，應該是長久以來累積的習慣，這也是農家的一種特性，自古以來看天吃飯的農夫，就經常會面臨不可預測的天候災變，如果豐年時不多攢點本，荒年時就算想攢錢，也不一定攢得到。

後來陸根田也承襲這種節儉的習性，剛創業為節省卸櫃費，當時跟二哥於國晶冷凍庫卸兩個貨櫃海蜇，當時一個木箱毛重約八十公斤，總共六百箱，兩人利用推車推到三樓冷藏庫，再用肩扛向上堆疊。直到今天，即使已經身為國際企業的老闆，他依然非常樸實節儉，能不花錢的就盡量不花錢，包括有時候去停個車，若有較便宜的停車場，他寧願停遠一點。早期出國回來時，明明有帶手機，但已經節省習慣了，他仍選擇打公共電話回家報平安，因為早期還沒有免費的通訊軟體。

說起來這真的只是一種個人習慣，但是對於公司事務，陸根田絕不吝嗇，創業幾十年來，從不遲發員工薪資，每年發給同事的紅包也絕對慷慨，對於孩子的教育，以及因應公司新事業發展該有的投資，該花的錢他絕對果斷。就只有一些跟自身有關的食衣住行，他會選擇享受可以少一點，克制不必要的花費，甚至衣服舊的還可以穿，就不買新的。

小時候家裡不只節儉，還會想方設法開源，例如將稻穗打好的稻草曬乾後堆成「草垺」保存，現在稻草都在田裡裁掉當堆肥，頂多堆成草垺做為農場觀光的噱頭，但在陸根田小時候這些稻草是很有用的，可以說是家中另一個賺錢事業。

稻草可以打造草繩，從前年代沒有什麼塑膠繩，甚至連痲繩也很少，這種草繩是可以拿來賣的。

當時已經有相應的機器，但這種編草繩機仍需靠人力，用腳踩做為動力，手腳並用必須很靈活的在正確時間把稻草接續進去，這樣就可以生產出草繩。進階則編織成「草包」，其實現代在苗栗苑裡鎮都還保有藺草編織的產業，其原理就和當年鄉村的稻草編織一樣，不過這類產品現在主要還是觀光紀念品性質，不像從前真的可以成為實用的生活用品。

欲哭無淚的慘狀

如果這世間的道理是努力必有所成，所謂「一分耕耘，一分收穫」，也許日後的陸根田不一定會選擇去大都會闖蕩。但現實是殘酷的，努力不一定有報償，特別是對農夫來說，努力大半年卻換得一場空的機率還非常的高。那就真的讓很多看著祖輩、父輩這樣一路走來的人，不願意耗費另一個十年、二十年，去重來一遍這樣的辛酸。

說起來關於農務的事，不但辛苦，並且細節還非常的多，可以說從一塊土地的最初開墾，之後耕耘、插秧、除草……，一直到最後收割，沒有一個環節是簡單的。包括到最後就算已經收割了，那收成的也還不是最終成品，必須經過一番篩檢的程序，把黃澄澄的稻穀夾雜著稻葉再次篩過，之後把粒粒的稻穀拿去曬乾。

陸根田小學時期還沒有篩穀機這樣的設備，僅靠篩籃搭配著雙手搖動，篩出來的是半成品稻穀，經曬乾後再經「風鼓」挑出不能食用的半飽滿稻穀，拿來餵養雞、鴨、鵝，篩過的飽滿成品，才能拿去銷售。像陸家這樣的農家，銷售的是原始的稻穀，之後還需要經過碾米廠的加工，才能產出一般人家食用的白米。

稻穀的兩大主要通路，一個是賣給農會，另一個就是賣給私人經營的碾米廠。農會方面的價格雖然比較好，但是挑選相對也比較嚴格，經常會碰到大老遠的堆滿一車運去農會，結果品質不合格，農會全都不要，必須原車推回。這裡附帶說明一下，所謂的車不是什麼引擎推動的機車或貨車，而是俗稱為「犁阿卡」的人力推車，以滿載的份量來看，一次可以裝一千多斤稻穀。

從玉田村去到礁溪農會，這距離可不算短，而且早期大部分是石頭路，花個一、兩小時過去又要原車推回，有時候會拜託請對方通融，即便如此，但還是會有品質不良而必須原車推回的時候。

如果這車稻穀順利賣出了，那很好，回程也會在小鎮買點東西回來。去小鎮不只是賣稻米，陸根田的大姊有時候也會賣自家製的草包，印象中，一個草包可以賣八、九毛錢。當時他還未上學，每當去十六結賣草包時，都會自告奮勇幫忙推人力車，每次大姊都會給他一毛錢去買兩個梅餅，那是小時候最期盼的獎勵。

辛苦生產的稻穀，除了賣給農會外，也會賣給碾米廠等商家，有些留著自用，米吃完時會拿一、兩袋稻穀，請碾米廠代為處理，碾出來的米再做為自家食用。另外，在兩季稻作外，也會找空間種菜、種水果，像是種蒜、番茄等，山上種金棗、柑橘之類的。總之，不會有閒下來的時候，家中的土地總要被充分利用。

以上講的都是豐年的情境，雖然大家都很辛苦，但終究可以過得一個好年冬。然而這樣的情境並不是年年都有。一年中農夫最重視的兩個收成季節，分別是春種及秋種，不誇張的說，這兩次收成攸關全家人的生活。其中春收還算好，大約就是在元宵過後插秧，然後端午節前後收割。但秋收部分每年就都是在跟上天賭命運，端午節過後翻土耕作，在大熱天下農務格外辛苦，經常碰到夏天缺水，還得找水搶水。而若泥土被曬得翻白，田埂就會裂開，放水怕流掉，還得用濕泥土補縫。如此勞累了幾個月，當秋天要收成了，卻面臨了臺灣常見的颱風季，或者就算颱風沒來攪局，東北季風伴隨的暴雨，也會帶來災情。

那是大家膽戰心驚的時刻，每次有颱風警報，心中都祈求神佛保佑，不要傷害到我們的稻田。然而陸家的水田位於地勢較低窪一帶，只要海上颱風警報發布，緊接著颱風要登陸了，農人也只能乾著急，畢竟稻穀還沒成熟，也無法提早收割。

然後颱風真的來了，家家戶戶一夜不成眠，好不容易折騰一晚，看似風平浪靜了，一早衝出門外一看，啊！面前哪有稻田啊？稻田根本已變成汪洋一片，整個全軍覆沒，所有的農忙辛苦都白費了，有時甚至把家裡的稻穀、家具都淹壞了，最高淹過飯桌的高度，人都得爬到農舍閣樓避難。

而當東北季風雨來襲時也不好過，有時雨一下就是一、兩個月，稻穗全部發芽，無法採收了，只好一甲地幾千元，便宜賣給養鴨人家讓鴨群吃。更慘的是還需花很多人力，來把這些已經倒在泥地上的稻梗一一剷除，否則無法進入下一季的耕種。

什麼叫做做白工？這個就是典型並且經常發生的做白工，投入一家老少所有人力，大家沒日沒夜的付出勞力，如果最終換得的是這樣子的血本無歸，無怪乎災害過後，有的人對著天吶喊不公平，有的人則是連話都說不出來了，只能呆愣地看著眼前一片災後荒蕪，真正「袂哭無目屎」。陸根田的成長歲月，經歷了許多這樣欲哭無淚的日子，讓他打從心底知道，就算年紀輕輕尚未找到未來方向，但是至少他明白，種田絕不是一條理想的出路。

捕魚苗的日子

那時候，政府已經開始實施九年國民義務教育，所以家裡還是得讓陸根田升學上國中，持續著邊耕田邊讀書的生活，在陸根田的年少歲月裡，完全跟休閒娛樂沾不上邊，包括假日都必須在田裡工作。陸根田還記得小學時代走路上學，中學時候學校更遠，就必須騎腳踏車，大約是二十分鐘的路程。基本上就如同小學般，一下課哪裡都不會去，只能回家協助農事。

通常回到家大約是五點了，趁天色還亮著，要去田裡耕作以及清水溝……等等，等黃昏後天色越來越暗，視線不清，清理水溝雜草時，有時候手一摸，嚇！水溝裡竟然有水蛇、草蛇，陸根田當下怕被咬，就不敢再清下去，改去做其他工作。其實鄉下地方蟲跟蛇都特別多，陸根田看到各種生物也都不會大驚小怪，但不小心摸到蛇，還是不太愉快的經驗。

國中時候，父母一樣忙碌，家用一樣節儉，但學雜費繳費部分已經比較正常了。陸根田印象比較深刻的省錢記憶，是剪頭髮的時候，那個年代髮禁很嚴，但是為了省理髮費，陸根田都要等一陣子才去理髮，往往還沒去理髮，校方就已覺他頭髮太長不合格，被老師用剪刀剪了參差不齊的三條槓，讓他很沒面子，只得前往理髮店再修剪整齊。

就這樣經歷三年，國中畢業到了要升學抉擇的時候。以學業成績來說，陸根田可以選個高中讀，但若是以賺錢技能培育來說，似乎還是念職校比較實際。除此之外，當時他還有另一個選擇，就是去報考警官學校，因為有個親戚當時是警官，聽說待遇不錯。為此，那年陸根田特別到臺北參加考試，為此還寄宿在士林堂姊陸春雲家，這也算是他學生時代少見的「出遠門」。

最終他雖然沒有考上警官學校，但是高中和高職都有上榜，後來因為考慮的時間太長，竟然錯過了當時他所考上的農校食品科報到時間，因此只好去念高中。這也是宜蘭在地學校，因此陸根田一樣是白天上課，晚上回家協助農事。那時候他的身體更壯實了，可以勝任的工作更多，例如那時候常得上山整理果園，山上有種金桔，熟成後可以送去市集銷售，另外也有種橘子。

其實種水果帶來的收益不多，種植的過程卻很繁複，要澆肥、除蟲害等等，特別是除蛀蟲，真是一件苦差事，要用鐵線伸進蛀洞，把蟲一隻隻抓下來，不然整棵植株都會被蟲蛀壞枯死，幾年辛苦又白費了。強壯的陸根田上山下山都用跑的，包括背著重物爬坡也不太會喘，有時候百來斤的水果或木材（家裡大灶煮飯用），他也扛得動。

有著一身力氣，學業成績也還算平順，陸根田的學生時代，簡單來說就是個老實人。曾經有一回，他騎腳踏車去學校上課，那個年代鄉下當然沒有什麼柏油路，甚至也不是水泥路，而是顛簸不平的碎石泥土道路，那路之難騎，許多時候必須下車牽著腳踏車走。就是這樣的道路，某天下課回家路上，放在腳踏車側邊籃子裡的書包，竟然被「震」掉了，而當時陸根田竟然也沒發覺，一回家還繼續幫忙農事到很晚，直到隔天要上學才發覺書包不見了。

沒有書包怎麼上學呢？老實的他也不敢找任何人幫忙，自己一個人悶著乾著急，上課時低頭蒙混，不讓老師發現他沒帶課本，放學時再沿著路到處找。第一天沒找到，第二天也沒找到，不過很神奇的是，這兩天老師都沒發現陸根田沒帶課本。直到第三天，才有一個路旁水產養殖場的同齡女孩問他是不是在找書包，才讓他找回書包。這在許多故事情節裡，可能可以發展出一段什麼愛情故事，但是對木訥老實的陸根田來說，也只是訕訕的道謝，靦腆拿了書包就走。

除了農田及果園外，高中時候也開始跟著大哥、二哥去海邊捕鰻苗，那是大約位在頭城與壯圍的交界，屬於溪流出海口，一處叫竹安的地方。每年「冬至」前後那段時候，正是鰻魚魚苗回流的時節，剛好那裡離陸根田住家也近，到了入夜，三兄弟就摸黑來到靠溪的海邊，高中連續三年都去捕鰻苗。

捕鰻苗算是一筆大收入，那時一般上班族的月薪大約五、六千元，但是陸根田他們三兄弟賣魚苗，有時候一天就可以賺一萬元以上，當然這種好康也只有在那個季節才有。而晚上通宵未眠，白天當然沒體力想睡覺，陸根田只好邊上課邊打起精神，不要打瞌睡被抓到，趁著下課十分鐘或午休，趕快小睡一下。

捕鰻苗很好賺，但不是人人都賺得到，陸家三兄弟算是這方面的高手，一般在沒有月亮的日子，也就是烏雲滿天或弦月的時候，基本上天候越糟、浪越大、氣溫越低，捕到鰻苗的機率就越高。他們在微弱的天光下，帶著簡單的臭土燈（電石燈）照明設備，拿出自製的鰻苗網，用拖行的方式，沿著海岸線順著魚苗回流的路徑捕撈。在行情最好的時候，一尾魚苗可以賣到三、四十元，因此在鰻苗當季的時候，他們幾乎每天都會去捕。

如今陸根田回憶起高中那個時代，這算是他接觸「水產」的開始，只是當年的他，當然不知道日後會成為臺灣水產即食調理食品的佼佼者。回憶裡，他總是跟哥哥騎著摩托車，奔馳在偏僻的小徑，夜色如墨，冷風寒雨吹襲，當天候不好時，他一邊手抓緊著衣領，忍受著寒風刺骨，一邊又期待著今晚漁獲能夠大豐收。

不只要懂得抓魚，也要懂得如何讓鰻苗存活。他們會準備塑膠桶，裝著海水以及混合約十分之一分量的淡水，這樣魚苗才能適應。不懂這竅門的人，就算捕撈到魚苗，也無法讓魚苗存活。就這樣，可以說既上山又下海，少年的陸根田，在成長的日子裡，都在想如何為這個家奉獻。

現代人很難想像什麼叫靠天吃飯的日子，當一家老少好幾口人都靠著這份田產過生活，如果老天爺降下任何的災難，那是一種前路茫茫的慘況。不像現代人求職，一個工作不保了，再找下一個就好，田地是種田人的根本，也是一家人唯一的生計來源。

陸根田本身就是農活出身，非常清楚這一套殘酷的生存原則，在他的成長年代，也碰過無數次淒慘的局面，那是一種即便想做點什麼，也無法跟老天爭辯的強大無力感，也因此對於家中農事，他總是無怨無悔的付出。總之農務第一，課業第二，能生活下去才是最重要的。

包括他高中畢業典禮那天，其實他早上都已將制服帽子穿戴好，準備騎單車去學校參加典禮。這時候，陸根田看到爸爸正匆匆忙忙拿著農具往門外走去，說著：「今天會很忙，不要去上學了。」一然後就乖乖的把腳踏車停好，脫下制服跟著家人下田去。

爸爸並不知道當天是兒子的高中畢業典禮，或許知道就不會讓他下田了。陸根田因此沒有參加一輩子只有一次的高中畢業典禮，但是他並不懊悔，因為是自己心甘情願留下來幫忙的。他的畢業證書，還是後來才去教務處補領的，也因為這樣，他的同班同學也許會誤會他是個不合群的同學，這對陸根田來說多少是個遺憾，但也沒有機會再跟同學解釋什麼了。

他如何跟同學解釋，每天的食衣住行都不容易，包括學校制服上代表年級的一條條黃橫槓，別人可能花點錢去找人繡，但是他只能自己拿著黃線，一針一針縫上去。另外，因為騎腳踏車的關係，卡其褲底特別容易磨破，陸根田也不敢多花錢買新褲子，他用媽媽的腳踏縫紉機，小心翼翼的把破的部分像蜘蛛網般似的補好看一點，因為怕被女同學看到不好意思，甚至走路時都盡可能用手遮掩，或是用書包擋住褲底。

其實陸根田當初去念高中，也要感謝祖父，他堅持孩子一定要多念書，然而爸媽對他是否升學並沒有概念，因此他也要感謝大姊，當時緊盯著他去入學報到。

經過中學六年的學習，陸根田看世界的視野更加開拓，每天看著父母晨起就操勞農事的身影，雖然少小年紀還沒有很明確的志向，但在陸根田心中已經認知到，這不是他想終身走上的道路。

前路在哪裡，他還不知道，但在不久後，他即將與影響他未來生涯的人相遇。時間就在他高中畢業後，服兵役下部隊移防金門那一年。

創業篇

走在一條不知通往哪裡的道路，許多人這一生都在尋尋覓覓。

那些成就一番事業的大人物，有多少人是從小就知道未來的使命呢？應該為數不多，特別是對七〇年代以前出生的人來說，在那個年代，每個領域都必須篳路藍縷，儘管放眼到處都是商機，卻也都沒有前例可循，當後輩的人可以享受所謂富二代的資源，那些如今已經年過六十以上的實業家們，當初各個可都是靠著膽識與毅力，從無到有把一片江山闖蕩出來的。

例如當年十多歲的陸根田，莫說沒有商業經營實務，甚至直到入伍當兵前，他的步履都從未踏出離家一百公里的範圍。他質樸憨厚，沒見過世面，成長的環境也沒遇過什麼隱居鄉野的智者導引，他就只是每天踏實的種田，當兵時間到了，就依照政府規定去當兵。然而，走在一條不知通往哪裡的道路，未來通往哪裡我們可以先不知道，但務必要具備的是敢衝敢闖的精神，以及從小苦幹實幹出來的耐操性格。

當機會來臨時，曾經連鞋子都捨不得穿的鄉下孩子，也會闖出一片天。

難忘的軍伍歲月

每當回憶起蘭揚食品的創立，陸根田總要從當兵時候開始談起。不只是因為他是個念舊且懂得感恩的人，也因為實際上，他的創業淵源就跟當年軍旅生活有關。

高中畢業那一年，陸根田才十九歲，以這個年紀來說，我們看世界首富們如比爾蓋茲、賈伯斯，或是臺灣的經營之神王永慶、蔡萬才等，也都是大約在這個年紀上下草創事業的。然而此時的陸根田，依然只是個純樸的農家子弟，高中畢業就在家等兵單，那時他依然十年如一日，每天日出而作、日落未得閒，操忙著家中農務。

當兵這件事對陸根田的影響很大，其一是讓他認識後來的貴人，其二是因當兵之由，他才能正式走出蘭陽，等他日後再把「蘭揚」傳回故鄉，已是個走遍全球各洲的成功企業家。但二十歲以前，他卻從未離家過，包括鄰近鄉鎮，宜蘭縣最熱鬧的宜蘭市，他都很少去，印象中，學生時代只去過一、兩次。

在千盼萬盼下，兵單終於來了，以陸根田這樣強健的體魄，毫無疑問的就是甲種體格，然而抽籤的時候籤運比較不好，他抽到了三年的特種部隊。這對一般年輕人來說，是個晴天霹靂的消息，但是對他這樣從小苦勞出身的人來說，總是抱持著甘願做、歡喜受的心境，去哪裡服役都沒差，他也從不怕什麼辛苦的操練。

從本島到外島，從海這頭到海那頭

操練的歲月從新兵訓練中心開始，對陸根田來說，他印象最深刻的，不是那些幹部們「不合理要求」的磨練，反倒是他「第一次離家那麼遠」這件事。

他當時新訓營區是在新竹埔頂，二十一世紀的現代，已經沒有這個營區了，原本的土地已被併入交通大學和清華大學的校區，甚至有部分還成為現今新竹科學園區的範圍。對這麼偏遠的地方還真是異鄉，但後來他才知道，在三年服兵役期間所調防過的不同城鎮中，這裡已經是離宜蘭老家最近的地方了。

當別人從入伍第一天起就感到苦不堪言，陸根田倒是覺得沒什麼好抱怨的，什麼伏地挺身、仰臥起坐等各種體能操練，完全難不倒他，事實上，班長還有點不相信，因為壯碩的他，伏地挺身和仰臥起坐竟然一口氣可以做超過兩百下。除了純靠體力硬功夫的項目外，那些需要靈活度的項目，也都難不倒陸根田，像是單兵訓練、五千公尺、五百障礙……等，所以三個月新訓雖然讓他吃足苦頭，但還是順利完成了任務。

比起原本在家鄉的操忙，許多時候陸根田反倒覺得在軍中還比較輕鬆，至少晚上做完體能操練，渾身累到骨頭都快散掉的他，一躺在床上就立刻睡熟，不像在老家，經常晚上還有農活要忙到半夜，不然就是要苦讀追趕學校的課業。當然，當兵還有一個苦差事，那就是半夜要站哨，但相對上還是比以前農務要單純簡單。如果說新兵訓練中心是魔鬼訓練，這樣的操練陸根田都覺得還可以接受了，那麼等到正式下部隊的生活，對陸根田來說，簡直就等同來到天堂。

往後的日子，陸根田去到越來越遠的地方。下部隊先去苗栗公館，不久後移防到苗栗龍港，不論是靠山的公館或者位在可以看海的龍港，都帶給陸根田不同的風景。有時候，靜夜裡一個人站哨，頂著冬日寒風，陸根田也有一種往昔像是一場夢的錯覺，他看到海岸線綿延再綿延，在深夜裡，更有種看不到邊界的詭異。

有時陸根田也會想到，這世界應該是非常寬廣的，身為一個守候一方田園的農夫，一輩子應該難以體會那種穿越一個個陌生港口的心境。但儘管世界那麼大，去到更遠的地方又能做什麼呢？除了種田，一個人立身世間，又能夠有什麼生養家計的選擇呢？這是鄉下人陸根田開始思考怎樣拓展人生格局的開始，但是大部分時候，都只能像白日夢般的幻想，畢竟在他過往的二十年生活中，也沒什麼可以做為參考的生涯範例。

整個三年軍伍歲月來看，陸根田其實待在臺灣的時間不到三分之一。他所分發的單位是裝甲騎兵連，直屬師部，後來改制為戰車搜索連，未來的兩年多歲月裡，他都要與戰車為伍，包括後來從本島跨過臺灣海峽移防到金門，戰車也要跟著移防。

在部隊裡，陸根田從小就磨練得很扎實的臂力，此時發揮了作用，在戰車小組的任務分派中，他擔任的就是裝填手。一顆砲彈重達六、七公斤，若沒有像陸根田這麼強壯的臂膀，一般人得使勁吃奶力氣，才能把炮彈連續放進炮門裡。

在準備移防前，陸根田有問過將來會調去哪裡，當他知道目的地是金門後，他竟沒有任何去到遠方的恐懼，也不擔心什麼戰地第一線的生命凶險，他心裡只想著：「竟然要遠離臺灣，這下子我這鄉下孩子去得可夠遠了。」

在金門前線的戰地回憶

如今回想起來，那個跨海過程實在也算驚險，過往以來的確曾經發生過幾次意外。那年陸根田搭乘俗稱「開口笑」的平底艦船，連人帶戰車一同渡過臺灣海峽，即便時光走過幾十個年頭，陸根田都還記得，那船搖晃得有多厲害，感覺似乎時時刻刻都站在鬼門關邊緣。

當船從金門料羅灣上岸後，整座太武山都搖晃著，並且持續好幾個星期。俗話有云：「逆境過後，總會有好事發生。」改變陸根田一生的重要關鍵人物，那時已經登場，只是當時還不知道那個人會跟他未來的生涯產生連結。

那時候，陸根田的身分雖然只是個小兵，但在移防時他負有重要使命，負責和移防對口單位做交接。那時他還在後龍的龍港，對接的是金門回防臺灣對口單位的先遣人員，姓林。交接那幾天，陸根田和林先生一聊，發現對方竟然也是宜蘭人，並且再聊下去，他也是在礁溪鄉生長，老家二龍村就在陸根田所住的玉田村隔壁，這可真是他鄉遇故知啊！

兩人聊得愉快，但難道見面就代表分別嗎？因為林先生所屬的二九二師即將移防臺灣，而他也即將退伍，而陸根田所在的三一九師，則要遠赴最偏遠的外島金門，一去就要兩年。當時林先生就很豪邁地對陸根田說：「學弟啊！從金門回來或退伍記得跟我聯絡，我會在臺北等你。」

那個年代沒有手機，根本連個人電腦都尚未問世，自然也不會有任何的電子通聯方法。幸好多虧那位林先生非常守信用，陸根田在金門服役的期間，一直都有保持書信聯繫。這對當年沒有交過女友、家人也少連絡的陸根田來說，林先生算是有聯繫的珍貴朋友。當時金門算是真正的「戰地」，各種管制很嚴格，連收音機都不准使用，一般民間收信也不容易，若有信件還會被拆開過濾。

而更讓戰地情勢緊張的是，那年陸根田跟著部隊才剛駐紮到沙美地區，不久就發生讓全島神經緊繃的大事，有一個馬山連的尉級軍官連長叛逃了。

初始當然不知道那位連長是叛逃，只知道有個軍官失蹤了。大家紛紛懷疑有匪諜潛入，搞得全島草木皆兵，於是一天到晚都在緊急集合，每次集合就是限定三分鐘內要著裝完畢，即使已經躺平在床上，也要即刻起床著裝，之後就分批全副武裝做搜索。就這樣前前後後折騰了三個月，弄得人仰馬翻，直到後來對岸發布廣播訊息，炫耀有金門這邊的軍官「棄暗投明」，原來那個連長不是失蹤，而是自己叛逃了。這下結果出爐，大家也可以暫時不需這樣日夜緊綳了。

不過出了這樣的大事，之後日子也不會好過，首先部隊必須大整編，因為那位連長是帶著軍事機密地圖投靠到對岸的。因此，陸根田他們才剛駐防三個月就要移防，去到一個叫做蔡厝的地方，軍事設備及機能比前一個陣地完整，這回就駐紮一直到後來回防臺灣。

叛逃事件帶來的另一個後遺症，就是改變哨兵制度，本來兩小時換哨一次，變成一小時換哨一次。也就是說，若一個單位的人數不夠多，那麼一個阿兵哥可能一個晚上會輪到兩次哨。陸根田不怕體力活，但是如果連晚上都不能好好睡，這可真是受不了。

原本陸根田所屬的戰車連單位也不小，但因為要守衛的崗哨較多，除了本部外，還有幾處碉堡他們也要守，兵員人手依然不夠，所以他就不得不夜夜在寒風中起床，瑟瑟縮縮的去站哨，下哨後回去剛躺沒多久，又得摸黑起床。記得冬天夜晚的氣溫低到只有四、五度，而且那個時期兩岸關係非常緊張，一不留意就有所謂蛙人上岸摸哨的事情發生，所以不論對體力或精神層面來說，都有很大的壓力。所幸陸根田此時碰到好運，不久後他就被調去相對輕鬆的金防部裝甲指揮部支援一年，儘管那裡同樣要站哨，但壓力就沒那麼大了。

在那遙遠的島嶼

對陸根田來說，苦也好，輕鬆也好，反正都是人生的一種體驗，相對於過往的農耕經驗，都有不同的感受。

那時可能因為時局比較緊張，因此金防部需要各單位來做更多支援，具體來說，就是各單位須派駐更多人力到本部守衛。他所屬的單位及二八四師各派出一輛戰車，包含同車的車長、射擊手、裝填手以及駕駛，也就負責擔任這樣的任務。名義上編制仍是原單位，但實務上則受金防部列管。

陸根田回憶起那段日子，雖然伴隨著一輛枕戈待旦的坦克車，炮口還守著金防部的坑道口，要隨時待命抵禦「來犯敵軍」，然而實際上，這則是他當兵歲月中最輕鬆的一年。金防部的環境比較好，伙食也很不錯，平常任務輕鬆，每當有藝人前來勞軍，那些送來的蘋果也都可以吃得到。記得人稱「軍中情人」的鄧麗君也有來勞軍過，反正那是個所有在金門的阿兵哥求之不得的好單位。

過了一年，輪到別組來駐紮金防部，陸根田必須回歸建制。然而這時候的他已經是老鳥了，在軍中，老鳥因技術成熟最受尊重，那時就已是數饅頭準備回歸平民的身分了。

必須說，直到那時候，陸根田還是沒有確認未來的方向。家中甚少和他聯絡，但可想而知，爸媽一定會希望他退伍後回家幫忙耕田。至於其他的選擇，雖然陸根田跟林先生偶有書信聯繫，但都市生活依然是他無法想像的世界，更別說在都市謀生計了，所以當時候陸根田也無法想太多，一切還是等退伍後再說。

而且待在外島兩年，那裡甚至比老家礁溪還更偏僻、更遠離現代文明，這長達兩年的時間裡，陸根田都沒有回本島過，難得的休假也只能在島上閒晃，頂多因營中表現優異，去了幾次成功休假中心度假。直到即將退伍的前幾個月，才有了較長的滿兩年梯次假，陸根田這時才回到臺灣老家一趟。但是即使回到臺灣，陸根田也只是在家協助農務，並沒有去臺北找林先生。

收假再回金門，就真的算是待退之身了，一直以來，連長雖然換過人，但幾個連長都對陸根田很友善，並且加以重用，碰到像師對抗這樣的大型軍演，一般步兵都要長途跋涉操演，而陸根田則只需跟著連長一同坐搜索吉普車待命，或是搭裝甲車演習，不需行軍做各種戰備操演。

當時陸根田不明白，他為何在軍中經常遇到貴人，但那其實跟他的人格特質有關，由於長年吃苦耐勞養成的耐心及謙和，陸根田在與人互動時，有種質樸的魅力，待人接物顯得自然不做作，不論是長官或同儕，都很喜歡與他相處。

終於來到要退伍的時候，陸根田記得身為一個基層士兵，起初月薪只有三、五百元。即便錢那麼少，但一方面他本身節儉習慣了，平日也沒有什麼抽菸、喝酒的習慣；二方面他覺得身在營區，吃的、住的、用的都是用國家的，本來就不需要花錢。因此當很多士兵平日都得跟家人求救匯款支援時，陸根田不但從來沒跟家裡要過一毛錢，並且他到退伍那天，身上還存了一小筆錢，也還有餘力買幾十瓶金門高粱回臺灣當禮物呢！

到了屆退，那時候陸根田的部隊也即將移防。講到移防，他就想起兩年前認識的林先生，當時陸根田是交接人員，如今他依然是交接人員，也是先留守營區，跟即將駐防金門的部隊先遣人員對接。

大部分的部隊袍澤已經坐船渡海回臺，整個營區空蕩蕩的，有時候白天當陽光照著整個營區閃亮著白光，身上沒什麼勤務的他，呆坐在坑道口，看著天、看著地，心中也不知閃過多少次退伍後該何去何從這樣的心思。

他其實沒有預設立場，但越近退伍，回憶起過往每當颱風侵襲過後，大家欲哭無淚的表情時，他就越覺得務農不是個理想出路。

看著手中一疊跟林先生往返的信，終於，陸根田對著自己說：「趁年輕去闖闖吧！一回臺灣，我就要跟林先生聯絡。」

就這樣，在離臺灣很遠很遠的那個島嶼上，陸根田做了人生抉擇，即便當時，他根本完全不熟悉那個他將成家立業的都市——臺北。

從迪化街起家的創業前歷練

那位陸根田被派駐偏遠的金門島時，依然有跟他書信聯繫的貴人，名叫林哲雄，比陸根田早兩年退伍，也就是說，當陸根田退伍時，林哲雄已經在職場上班兩年了。恍如還是昨天的事，他記得那年他交接完收拾裝備準備渡海前往金門前，林哲雄帥氣的跟他叮囑，退伍後一定要跟他聯絡。如今他真的退伍了，幸運地，這兩年林哲雄也彷彿盡職地在臺北守候著他的到來。

爸媽希望陸根田留在宜蘭幫忙，他的兩個哥哥也都持續在家協助務農，但一向乖巧老實的陸根田，這回想要給自己一個機會，看看可否發展出比「看天吃飯」更寬廣的可能。他也很感恩，就是因為尚有兩個哥哥留在家鄉，他才更能勇敢往都市闖。臺北第一站，也正是創業的第一站，就在迪化街商圈。

農家子弟轉型做業務

說起來，陸根田到臺北有背水一戰的壓力，因為他勇敢地跟家人說「不」，隻身去都市闖蕩，他當時也跟家人說，會把薪水寄回家，他可不想到時候灰頭土臉回鄉。抱持著這樣信念，陸根田打從一開始，就沒有想留退路。林哲雄在迪化街工作的店，當時是做海蜇批發銷售，這是從小親近泥土的陸根田完全不懂的東西。店裡原本有一個老闆，還有二個夥計，就是林哲雄跟會計，現在陸根田來就是第三位夥計。

當初起薪是每個月八千元，三餐及住宿自己張羅，陸根田住在林哲雄當時所住吉林路大樓的頂樓，而且不額外收錢。生性節儉的陸根田，已跟父母約定每個月可以寄五千元回家，只留三千元當作生活開銷。

陸根田從基層做起，大約半年後，他從林哲雄家樓上搬出來，改為住在公司的閣樓上。當時他對老闆說，這樣等於晚上也有人看店的概念，因此老闆欣然同意。實務上，住在公司也等同於讓自己變成義務加班，畢竟在那個年代沒有什麼加班費的，總之，身為一個新進人員，陸根田把他打從小時候就養成的「吃苦當吃補」精神，用在新職場上刻苦效力。白天固然忙碌，晚上也多半不得閒，他的主力工作是銷售海蜇，但跟海蜇相關的雜務他也都要做，例如白天接到訂單，晚上他就要在店裡切海蜇。

身為一個農家子弟，陸根田過往是完全沒有商場經驗的，其實他本身也不擅與人社交，不菸、不酒，講話也不風趣，不像是做業務的料，因此初始承擔業務銷售任務時，他內心是有門檻要跨過的。那時林哲雄帶他去見見世面，一家家拜訪，我們往來的客戶有這家、那家……等等，然後陸根田就要自己一個人去跑客戶了。

林哲雄當然知道陸根田是新手，因此先給他幾家較熟悉的客戶登門拜訪。陸根田記得第一次自己一個人去到迪化街某個店家時，還沒進店門就開始心臟猛跳，之後他站在門口佇立許久，想要進去又戛然而止，想進去又退出……，如是掙扎了三、四次，告訴自己不成功就別想在社會立足，這樣才硬著頭皮走進去。那家店叫「成泰行」，郭老闆夫婦人善良、有愛心，他們為了讓新業務有信心，因此縱使店裡還有一些庫存，還是特地訂了十桶海蜇絲。

這是陸根田首次業務成交，內心欣喜若狂，並奠定了做業務的基礎。也就是因為經歷過這樣一次又一次的試膽，沒過多久，老實人陸根田逐漸變成業務人了。但他的本性依然善良質樸，直到後來他創業有成，跑遍世界各國，也依然不失踏實善良的天性。做生意本來就不是靠爾虞我詐，或者以為總要舌粲蓮花才能做成買賣，陸根田靠著他的勤跑以及誠信，以行動證明腳踏實地才是事業真正的穩定根基。

最早帶領陸根田事業啟蒙的兩位恩人，一個是林哲雄，另一個就是他的老闆，「八達行」的創辦人，同時也是臺灣做海蜇銷售的先驅。他的名字很特別，叫做楊家將，初始還以為這是綽號，但是這千真萬確是老闆的本名。就在這兩位恩人的帶領教導下，一方面有前輩指點，二方面大部分還是靠陸根田自己的業務實戰，他逐漸摸出這個行業的竅門。他知道，就算只剩他一個人，他也已有能力擔當所有的工作。

平日工作模式是八點上班，晚上切海蜇，忙到有時候深夜都還不能休息。銷售對象都是批發商，他把貨賣給迪化街商家、市場、雜貨店、果菜市場等直接面對消費者的通路，主力在大臺北地區，從城區中心後來拓展到周邊縣市。靠著雙腿勤跑，陸根田一年多下來，就認識了大臺北地區可能的銷售通路，也都跟關係窗口建立了長期的合作關係。

那時候，在臺北做海蜇批發的有三、四家公司，其中一家位在金華街，公司規模更大，叫做「鴻吉」。那個年頭，鴻吉就已經懂得廣告行銷，會把商品設計成即食小包裝，並且提供調味包，教導客人可以跟泡好的海蜇絲攪拌一起吃，觀念很先進，甚至還請來知名藝人張小燕打廣告呢！

不過隨著世事變遷，原本有些規模的幾家海蜇公司，如今都已銷聲匿跡或轉型，只有陸根田後來自立門戶後創立的蘭揚食品越做越大，成為這個產業的第一品牌。

八達行的打拚經歷

漸漸地陸根田知道，人生如果要成功，事業想要發展，必須結合許許多多的因素。其中努力是基本的，但是努力不代表一定可以成功，還需伴隨著創意以及市場定位。即便如此，還是不一定可以成功，例如那時候鴻吉走在趨勢之先，提出新的即食吃法，可是當時的民眾並未接受，因此就沒能成功。

而成功的前提必須努力，必須有獨特的創意，必須天時地利人和，所有因素都到位了，成功的機會自然就水到渠成了。

陸根田回首創業一路走來的林林總總，過程中也多次有驚無險，有時候一個資金周轉不靈，可能就沒有後來的蘭揚食品了；但如果當時太過保守，不敢投資不敢衝，也一樣不會有後來的蘭揚食品。

陸根田二十出頭的時候，正值臺灣八〇年代經濟逐步發展的時期，民眾比較有閒錢可以品味生活，用美食犒賞自己了。然而在當時，像海蜇這樣的食品正在發展，那時候還未發展出日後那種調理食品的概念，因此主要還是做為宴席場合的佳餚，尚未深入民眾的家居日常，所以那年鴻吉的即食商品功虧一簣，沒能做起來。

當時還有幾家競爭者，之後在市場上漸漸萎縮。老實說這個商品不容易做，牽涉到貨源參差不齊及採購技術，當時的市場也不大，若想要維持正常的店務發展，必須投入很多心力才行。

根據陸根田的回憶，那時候白天他跑遍了大臺北地區的批發通路，晚上回店裡，幾乎顧不得吃飯，就要開始準備明天要送給客人的貨。最初從源頭進口的鹽漬海蜇皮是一片一片的，形狀有點像潤餅皮，而客人要的是切成絲的形式，因此每到晚上，陸根田就要借助當時一種比較原始的切割機，用半自動的方式，類似操作牛肉切片機般，把海蜇捲成卷狀，一次一次推進機器刀刃中，過程其實很危險，精神若稍有不濟，很可能就會切到自己的手指。

白天接到滿滿的訂單很高興，不過夜裡就要備更多的料，相對會比較累。約定好今天收的單，明天就要給客人，不能食言，因此有時候一天要切上百桶（每桶十五公斤），真的是忙到深夜還不得休息。

除了顧好自己的業務外，身為店裡的新人，陸根田也知道要守本分，感謝知遇之恩，平日有很多外務要跑，也要騎車幫忙載貨等等。楊老闆不只經營一個事業，他當時還有買賣黃金，身為夥計的陸根田，也要協助老闆其他交辦的工作。不知道老闆為何那麼神通廣大，既做海產又做黃金，並且經常金額都以百萬計。

當老闆要送金子去銀樓時，接獲任務的陸根田得戰戰兢兢的，騎著機車，載著這麼龐大金額的黃金，萬一有個閃失，那可是一輩子都賠不起啊！但老闆對交辦陸根田運送黃金卻很有信心，正因為他怎麼看都不像是個跟黃金有關的人。鄉下來的陸根田，本來就不擅自我打扮，怎麼看就是土土的樣子，這樣的人走在路上，誰都不會想到他的袋子裡面可能裝著百萬黃金。

老闆對他也十分信任，每次交給陸根田好幾公斤的黃金，指名載去哪家銀樓，拿回現金也不需要細數，例如三十萬元，只要算好有三十疊就好（那時候最大鈔票面額為一百元，一疊一百張），然後坐擁巨資，再騎車回來把錢交給老闆。

但老闆本人不擔心，反倒陸根田自己很擔心這樣的工作，怕把金子或錢弄丟了，不知該如何跟老闆交待？這樣的工作前前後後也跑了好幾趟，那時候陸根田心中就在想，是不是要換個比較安全一點的工作？

正好在那個時候，林哲雄的弟弟也退伍想要謀職，他雖然沒有要趕走陸根田的意思，但他心中知道，在這規模有限的公司，不用請那麼多人，他也順勢說他想轉換生涯就告退了。在這大約一年多的時間，已帶給陸根田對這個產業的基本了解，關於這一點，他終身感激。其實恩人林哲雄本身也是老闆的親戚，後來楊老闆將店頂讓給林哲雄去經營，此時陸根田已算身懷一技之長了，心中比較篤定，再也不會茫然了。

而機會的確就等在一旁，讓他幾乎可以銜接到下一個工作。原來之前陸根田晚上住在八達行的閣樓上，大部分時間都很忙，但偶爾也有沒那麼忙的時候，此時他晚上就出來走走逛逛。某天他逛到歸綏街一帶，就在八達行附近，認識了「金聯行」陳老闆夫婦。

他們也是肯打拚的年輕人，那時他就邊聊天邊幫忙，漸漸地跟老闆打成一片，他經常在店裡協助綁魷魚、綁海帶、裝香菇等等，甚至有時候剛好店家很忙，陸根田只要覺得體力許可，便會盡力幫忙到深夜。內心純善的陸根田，真的只是抱著幫朋友的心境，所以從沒有拿這部分的報酬。

那時陸根田請辭了八達行，暫時也不知道下一個去處是哪裡，心中想的是先回老家休息一陣子。只是基於朋友情誼，他離開迪化街前，想去金聯行告別一聲，謝謝陳老闆夫婦過往的照顧。結果陳老闆跟他說：「既然你要離開八達行，我這裡正好需要人手，你就來我這裡幫忙吧！」

就這樣，陸根田成為金聯食品行的夥計，開啟了他熟悉零售業實務的新工作。

第三次轉換跑道

從前在八達行，磨練的主要是如何跑業務、接觸市場以及了解海蜇從進貨到銷售的各個環節，大部分時候，陸根田要在外面奔忙。現在來到金聯行，則是另一種工作模式，主要是鎮守店裡，處理各種銷售事務，他經手的品項是以前的幾十倍，這裡什麼都賣，罐頭、香菇、金針、木耳、海帶、蝦仁……，多樣的食材，讓陸根田變得更加忙碌。

這裡算是批發兼零售，而批發依然是大宗，那時候開始，陸根田認識了許多重要的買家，像是當時就名氣很響亮的雙連街滷肉飯店家（如果在現代，就會被稱為網紅名店），陸根田也都幫忙交易，定期都會有大量訂購，例如松山肉鬆名店，會購買大量的魷魚絲、魷魚片、魷魚足……等。

金聯行也是典型中小企業，一人當多人用，有時候配合老闆吩咐，他也要去跑外務，從大稻埕地區拓展到臺北市區一帶，送貨也常送到外縣市去。金聯行的生意一直很旺，幾乎每天都要忙到深夜才得休息。

印象很深刻的一次經驗是，由於老闆一家住在大溪，有一回假日家鄉有迎神廟會活動，老闆看到陸根田當時對店務已經很熟悉了，因此決定當天完全把店務交給他，全家一家老少回鄉去參加活動。這算是陸根田第一次獨當一面，自己看顧一整家店，沒想到就迎來難得的一次最忙盛況。

那天各地都有迎神活動，從一早不到八點鐵門拉開，就不斷有客人上門，往往陸根田還在招呼這一組客人時，另一組客人已經在詢價，這頭在包裹甲客人的食材時，那頭的乙客人也要買貨，同時丙客人正準備結帳，整個店內就陸根田一個人，忙到中午根本沒空吃飯。直到傍晚五點左右，老闆的母親逛到店裡（老闆有另外兩個兄弟在附近開一樣的店），看到店裡滿滿的客人讓她嚇了一跳，趕緊前來幫忙招呼，但客人依然源源不絕。

一直到晚上七、八點，老闆回來店裡時，收銀臺抽屜一開，發現滿滿的鈔票溢了出來，連老闆都感到滿意外的。陸根田後來想想那整個過程，一收到錢就往抽屜裡放，也不知道抽屜裡到底有多少錢？但是能完成老闆交辦的任務，內心覺得滿有成就感的。這次獨當一面的經驗，也讓原本還算生手的陸根田，真正被看到有能力自己管理一家店。

在這裡，陸根田滿受到器重，又能自由發揮所長，他也是住在公司附近倉庫的樓上，同樣早晚協助照看店務。直到某天老闆的親戚來謀職，再次地，陸根田知道他的階段性可以告一段落，因為店裡不需要太多店員，雖然不捨但必須離開，往下一個人生的階段前進。

金聯行的經歷對陸根田的幫助很大，讓他對食品產業有了更宏觀的認識，從最早的只知道海蜇，到現在他已經對各式各樣食材都有接觸，還不敢說自己很懂，但是已經對各類食材的分類以及各自有多少種品項瞭如指掌。好比光是魷魚乾就有分來自阿根廷、來自紐西蘭、來自日本、來自韓國……等不同的產地，口感和品質也都各有不同；香菇也有分國內外很多種，陸根田一眼就可分出花菇、木菇、包仔菇等各種菇類，以及各自的市場價位。這對他在往後調理即食產品的附屬材料添加上，有很大的助益。

這回的離開，陸根田已經不再像上次那麼無所適從，也不需要想先回老家思考了，因為已經有認識商行知道他要離職，而跟他招手。陸根田第三個創業前的停靠站叫做「富榮行」，張老闆夫婦也是年紀輕輕就事業有成，有別於前東家，他們自己有進口南北貨。每一回的歷練，都是基於前一個工作的基礎，並且學習的範圍領域更深入，讓陸根田的食品履歷更豐富，專業更上層樓。

富榮行也是同時擁有門市及批發，其批發業務銷售的範圍更廣，這讓陸根田的視野再次往外拓展。賣貨的地方不僅從大臺北跨到桃園、新竹，最遠還到了東海岸的花蓮，這之間當然也包括宜蘭地區。

陸根田日後回想，覺得這似乎是老天爺派給他的生涯學習培育課程，而且剛好分成三級：八達行是初級學習，帶領他初步認識產業，也學習基本的業務功；金聯行是中級學習，帶領他由業務開拓到接觸經營管理入門，也培養了更多獨當一面的能力；富榮行則算是較廣泛的學習，必須站在前兩個學習的基礎上才能入門，在這裡就是學關於這個產業的進階。可以說，南北貨食品這領域的每一個基礎環節，陸根田都因此扎扎實實跑了一輪。而每個「研習」時間也差不多，都是一年到兩年期間。

總之，從退伍到後來自己正式創業，陸根田投入了大約四年的時間，算是磨練期，並以此為基礎，後來他決定創立自己的公司，也就是如今臺灣即食調理食品的典範——「蘭揚食品」。

蘭揚食品的創建

陸根田二十歲服兵役，二十三歲退伍，二十七歲創業，也大約在那時候遇到未來的另一半——個性溫柔賢淑，同時在工作上精明幹練的陸夫人，如今蘭揚食品的總經理，陸根田在三十而立這年，已經打穩了成家立業的基礎。

先來談創業的部分。在富榮行的服務，後來因為合夥朋友的加入，陸根田再次自行退出。一再類似的遭遇，也讓陸根田看清，在職場上還是要擁有自己的事業，生活才能安定下來。

既然已經對這個領域比較熟悉了，陸根田那時就在想：「客戶在哪裡我知道，產品供應商在哪裡我也知道，我何不自己試著來做這樣的買賣呢？」

但是想歸想，然而萬事起頭難，實際上該怎麼開始創業，因為陸根田手頭上沒有資金，也還沒有一個確定的時程。不過就在陸根田毫無頭緒之際，這時老天又來幫他一把了。

從一個小小倉庫起家

海蜇食品市場大批發龍頭之一，「亞印」鄭老闆及許總經理，主動來跟陸根田聯繫，亞印這邊告訴他，貨源公司有，他們可以批給陸根田兩、三百桶的海蜇，並且不用事先付貨款，等銷售出去再來結算就好。

對亞印來說，他們看好陸根田的認真態度以及市場銷售力，願意放手讓他做。對陸根田來說，這等於在缺乏資金的前提下，取得一批不用先付成本的商品。

很快的，陸根田以此為基礎，他果然不負眾望，把寄售的海蜇都成功銷售一空，亞印也持續供貨給他，在沒有囤貨壓力下，業績持續滿檔。這時候他雖然還沒正式申請公司登記，但是已經有店名叫「蘭陽行」，實際上也已經是自己當老闆的概念了。

那時陸根田已經有了屬於自己的小小據點，不過那裡連店面都不算，只是個用來堆貨的小小倉庫，位在延平北路二〇〇巷內的一個小地方，他只需要一個可以暫時放置海蜇等商品，算是做為供應商和準客戶間的一個中繼站。當時陸根田只做批發不做零售，交易的品項也不多，除了海蜇外，其他就是腰果、金針、魷魚絲等五、六種乾貨，並且全部都採月結開支票的方式。當時陸根田還是魷魚絲販賣高手，「金牌魷魚絲」廠商還贈送了一條一兩的金項鍊給他，並且招待他到阿里山風景區旅遊。

除了跟亞印進貨外，陸根田也跟好幾家廠商進過貨。不論哪家供貨，其實就把陸根田當成一個超級業務員的概念，覺得靠著他可以增進公司銷售業績。然而當他們漸漸發現，陸根田的小事業好像規模做得越來越大，已經大到要變成自己的競爭者了，於是後來那些供應商就不再無限供貨了，這也讓陸根田碰到創業的第一次瓶頸。

明明知道有客人要買貨，但是自己店內的庫存不夠，想跟上游叫貨，又時常要等很久，甚至上游直接告訴他缺貨，無法供貨給他，不然供應商就是自己把上等貨留著，只把次級品給他。到了這個階段，陸根田終於知道，他若想要真正創業，就不能再依靠那幾家供貨商了，這樣的公司只能永遠受制於人，無法充足全面供貨。

於是創業的第三年，蘭揚食品開始自己開發貨源，也從那年開始，陸根田常態性的出國考察，公司轉型為進口商，實績逐步超越在地的店家。

公司之所以會命名為「蘭陽」，自然是因為秉持著不忘本的意思，只可惜當時「蘭陽」這個名字已經被其他公司捷足先登註冊走了，陸根田不得已退而求其次，才命名為同音的「蘭揚」。

幾年之後，陸根田把「蘭陽」這個商標權註冊回來，但是當時他已經把「蘭揚食品」做得很成功，在海內外都有很多客戶，若是要改名字，還得重新跟經濟部跑行政流程，包括發票、貿易文件、銀行授權等也都要一起變動，由於茲事體大，所以日後公司就一直沿用「蘭揚食品」的名字了。

蘭揚食品創立於一九八四年，起家的據點就是延平北路二〇〇巷，之後隨著公司業務擴大，搬到了安西街八達行舊址。這個辦公室之後因政府土地徵收，變成了現在的歸綏公園，所以蘭揚食品搬遷至環河北路，到了二〇一三年才在臺北市民族西路購買大樓，建立營運總部。

回過頭來談最早還在延平北路的創業元年吧！回憶創業的歷程，陸根田表示，他本身的個性並不是熱情衝鋒陷陣型的，而是比較屬於腳踏實地、安步當車型，那年站在創業轉型路口的他，也沒有抱著滿腔雄心壯志，若不是後來的因緣際會，他有可能為了工作而再回宜蘭務農。

然而命運的安排，讓他在缺乏資本的情況下，依然可以從事銷售。這麼一來，他就有使命感在身上了，至少他必須把受人委託的海蜇賣完。而既然東西透過他售出，他要對自己的品牌負責，於是只好繼續全力以赴。隨著業務規模變得更大，他除了自身的生活，還得為員工的生計負責，就這樣一步一腳印，他逐步拓展蘭揚的事業版圖。

必須說，自己當老闆後才發現，那個壓力真不是普通的大。最早供應商可以接受寄貨、售後付款的模式，比較沒有資金壓力，但是後來陸根田必須自己開發貨源，那就非常有難度了。陸根田想起有長達好幾年的時間，每個月的營運都背負著沉重的資金壓力。那時的他已經結婚，會計出身的陸夫人，靠著清晰的記帳頭腦，以及用心跟銀行打好人脈關係，每個月操持帳務。

即便如此，夫妻倆還是經常處在左支右絀的窘境，多少次都是趕在「最後關頭」，有驚無險地把到期的票軋進去。如今雖然幾十年過去，有時候陸根田作夢還會夢到跑三點半時那種焦慮的心情。有時想想，也不知那些年怎樣撐過來的，似乎除了夫妻倆的努力，也有賴老天爺的厚愛。

感恩資金活水

資金壓力主要原因，是因為蘭揚食品開始向國外進口。跨國貿易自然不可能有賒帳的選項，所有貨品都要現金買斷，這對初期沒有資本的的蘭揚來說，是一項很大的賭注，食品可禁不起在倉庫囤放太久，不但占空間，同時還壓著資金，更有保存期限的時間壓力。如果進口一批食品，沒能在期限內銷售出去，可就賠了夫人又折兵。

因此，陸根田第一次出國談生意時，就有「退此一步，即無死所」輸不得的壓力，特別是他過往完全沒有貿易實績，還有雪上加霜的是，就在蘭揚準備跨足進口貿易領域前不久，才發生有海蜇進口商賒欠海外客戶貨款及銀行帳不還的情事，這讓陸根田做起生意來更加困難。當他去這家銀行辦貸款時，對方一聽到陸根田要做的是海蜇生意，當下立刻回絕。那該怎麼辦啊？如果銀行不協助開立信用狀，這個事業豈不是連國門都踏不出就夭折了？

那時要進口海蜇商品，不僅僅要支付商品本身的進口成本，還要被課相當高的進口稅（從量課稅每公斤六十五元），以進口一個二十呎十五噸貨櫃來說，當時進口的貨品總價是一百多萬元，相應的進口稅也要一百萬元，加總就是兩百多萬元。

為了籌措資金，陸根田找父親商量，他現在做生意需要資金，若用父親早期購買登記在自己名下的農地拿去貸款，等賺到錢再還給父親。陸爸爸也知道兒子是要創業，需要這筆借貸，當時做進口貿易需要借貸的金額是十萬美金，陸爸爸有去銀行辦理土地抵押，但後來不知是什麼原因沒有去簽名，所以這筆農地借貸不成立。事隔多年後，父親往生整理遺產時，才知道父親都沒有再去銀行塗銷這筆抵押。

就在陸根田覺得必須放棄進口貿易的時候，突然有個轉機，這回的救星來自老婆大人的母親，岳母可以借他這筆十萬美金。其實那時還不能說是岳母，應該要說是「準岳母」，陸根田是在事業更有成績的一九八七年底才結婚的，要借貸這筆款項那時，陸根田尚未和夫人結為連理。

談起這筆借貸，也因為準岳母剛買房子時，裝潢的資金不夠，陸根田愛屋及烏，就支援準岳母不到臺幣十萬元的裝潢費。如今準岳母用這間房子來投桃報李，在創業伊始的關鍵時刻，用房屋借貸讓陸根田取得了寶貴的進口資金。就這樣，蘭揚食品有了第一次的海外進口，並且那回的銷售還算成功，就以每次賺到的錢，持續再滾回做為進口下一櫃的本金，蘭揚也在這樣兢兢業業、總是擔心資金不足的壓力下，靠著夫妻齊心，逐漸打下臺灣北、中、南各地的食品市場。

整個創業時期，陸根田心中永遠感到錢不夠用。每次進口商品，都要支付全額現金及關稅，所有通關費稅賦、規費都不能省，但是商品到了國內，一方面賣給客戶這部分需要時間消耗庫存，二方面許多客戶都是採取開票的方式，銷售當下無法即刻取得現金。再者，每月必要的水電、人事管銷、房租……等費用，沒有一筆可以拖延，但是客戶給錢就是給得很慢。

陸根田夫婦左手一收到錢，就趕緊軋進右手的票，這樣的日子過了好幾年，他們發現那似乎是個無限循環，因為隨著市場開拓越大，同時代表著要進口更多的貨櫃，需要預付更多的錢，包括倉庫以及冷藏庫等設備也都要跟著擴充。總之，永遠有更多的開銷等在前面，金錢流動總是像流水般，只在眼前經過，但大部分都不屬於自己的，陸根田覺得自己只是資金分配站，錢經過他手裡再流向其他人的口袋。

這樣的辛苦歲月長達四、五年，直到大兒子出生那年，他算是個福星，誕生時蘭揚食品的營運已經比較穩定了。儘管後續蘭揚還是有種種資金調度上的煩惱，這是因為隨著公司規模越來越大，不僅在宜蘭先後已有三個廠房，也在大陸昆山興建工廠。當然，這也代表著更大格局的夢想實現。

當陸根田終於走過這一路以來的資金荊棘叢林後，他也衷心感謝許多貴人的相助，包括當年有時候軋頭寸時，迪化街的商家與敦化北路張叔公提供的短期資金借貸，還有陸夫人的處變不驚，讓他們在一次次周轉的驚滔駭浪中，引領蘭揚食品乘風破浪。陸根田更感謝親愛的岳母大人，願意十二萬分的信任這個女婿，不僅願意把寶貝女兒許配給他，還在關鍵時刻提供了讓蘭揚食品可以經營下去的資金。

因此，當我們談到蘭揚食品的發展歷史，就不得不介紹陸根田先生一生最信賴最得意的左右手——陸夫人，何明娥小姐。

蘭陽之光二部曲

耕耘

尋一方無人開拓的領土
從無到有耕耘
當迎來豐收的時刻
背後多少汗水淚水

1987 年與妻子何明娥結婚

與妻舅何日生賢伉儷合影

全家與岳母何吳汶合影

2005 年礁溪鄉模範父親與礁溪鄉長林政盛（下左三）、鄉代林森枝（上左二）
玉田村村長游新爐（上左一）、父親陸木枝（下中）- 家族合影

2019 年宜蘭縣模範母親與宜蘭縣長林姿妙（第二排左三）
礁溪鄉長張永德（第二排左二）、母親陸周阿引（第二排右一 ）- 家族合影

2002 年農委會外貿協會專案農裝豐抹，獲獎優良廠商座談分享（左二）

2021 年 75 屆工業節慶祝大會榮獲雙獎
（時任水產公會理事長）

2022 年母校玉田國小校長郭又方（上左二）與老師訪廠合影

2023 年母校頭城家商校長汪冠宏（下左五）與老師訪廠合影

婚姻篇

何明娥小姐的登場，並不是搭著南瓜馬車，也沒有什麼煙火燦爛的背景。那只是臺北市另一個平凡的夏天，由於趕時間，當天她坐在哥哥的摩托車後座，風塵僕僕的來到迪化街附近，因為她準備要參加的一場面試快遲到了。

那是一家叫做「蘭陽行」的小公司，當時要應徵一個會計小姐，看工商廣告上的要求，除了要懂會計專業、品貌端正外，聽說這職務還需要負擔許多的行政工作，而且面試地點還挺不好找的，不是位在大馬路上，而是在巷弄裡，一般稍大的車輛根本就進不去。

總之，何小姐被哥哥載到公司地址，脫下安全帽時，髮絲已經被汗水濕透，一點也不優雅。當她走進狹小的倉庫兼辦公室時，看到一個比自己年紀大不了多少的年輕人，何明娥心中想著，就是這個小夥子想要應徵會計嗎？

這就是陸根田夫妻相遇的第一印象。

——從打拚的同事變成奮鬥事業的夫妻——

陸根田是個念舊的人，他的事業都跟家鄉有關，無論公司版圖拓展到幾個國家，蘭揚（蘭陽）的名字都伴隨著他。就連他的婚姻也跟家鄉有關，當初就是因為在所有來應徵的人當中，唯有這位何小姐也是來自宜蘭，可以說當下一聽到她來自家鄉，陸根田心中就已經決定錄取她了。

除了來自家鄉的親和感外，當時有沒有一絲一毫對何小姐這個人本身的心動呢？時光已過去將近四十年，一切已不可考。總之，陸根田與何明娥相識後，隔年就已是一對情侶，後來準岳母還提供了蘭揚食品拓展的關鍵資金，認識第三年雙方就共結連理。

來自宜蘭同鄉的優秀女孩

那年是一九八四年，宜蘭高商準畢業生何明娥，就跟她的學姐們一般，只想找一份有穩定收入的工作，希望可以協助家計，之前有做過幾份簡單的工作，但都不是理想的差事。那個年代，哪個家庭不都是需要子女共同奉獻生計呢？特別是純樸的蘭陽平原，農家子弟少有富貴人家，那時候的臺北，是鄉下孩子們仰望的淘金寶地，想要拚出一條人生路，到臺北就對了，何況當時何家也已經搬來臺北了。

也因此，當何明娥在報紙上看到臺北有一間食品公司在徵人，她就去應徵了，剛好那天她正在服兵役的哥哥何日生輪休，於是就載著妹妹去當時算是人蛇雜處的大稻埕一帶面試。

附帶一提，這位從小就很照顧妹妹的何日生先生，當年還是個二十歲出頭的年輕人，日後他成為知名的媒體人，之後轉型為學者。何日生曾到美國南加大進修傳播碩士，也在北京大學進修博士，並在英國牛津大學與劍橋大學、美國哈佛大學與哥倫比亞大學等知名學府擔任訪問學者。他的著作更獲得臺灣金鼎獎，以及美國舍衛國基金會頒發首屆「舍衛國人文獎」等榮耀。長年投身慈善公益事業的他，也是慈濟基金會副執行長。

陸根田夫婦日後也都投身慈濟的大愛志業，那是後話，這裡我們再回過頭來談陸夫人吧！那是陸根田創業的第二年，也就是他仍然靠著亞印等批發商供貨的年代。因為公司初創事務繁雜，設立公司總也要有人懂得財會，而這並不是陸根田的強項，因此他想要應徵一個會計助理。

老實說，應徵的人並不多，畢竟一家地址位在巷子裡的公司，看起來就一點吸引力都沒有。陸根田回憶當年，就是花個幾百元在報紙刊登一個很不起眼的小方塊廣告，真正來面試的，前前後後加總就是四、五位吧！

令陸根田印象深刻的，除了這位何小姐是宜蘭人外，她竟然還帶著家人來面試（是的，可能擔心妹妹安全問題，當天面試時，何日生人一直在外頭等）。

一聽到何小姐是來自宜蘭時，其實在陸根田的內心裡，她就已經算被錄取了，後來又聽聞何小姐之前有其他的工作經驗，感覺起來也是個肯吃苦的人，的確是理想人選。

不過陸根田當下並沒有馬上錄取她，因為手中還有很多工作要忙，陸根田記得當天一面試完，他就立刻得外出送貨，這一忙忙到夜晚才回來。時間太晚不方便打給人家，於是便等到第二天早上再打電話通知，何明娥也答應隔天去報到。

那時，位在延平北路的辦公室只有三位員工，一個是老闆陸根田，還有一個是他表弟，再來就是剛報到的何明娥。雖說她是新人，但已經算是「一人之下、眾人之上」的內務總管了。

當初面試時，何明娥不知道這份工作要做的事那麼多，除了日常的會計帳外，她還得協助各項打雜事務，像是公司接到訂單，海蜇要挑選級別，她都必須幫忙做，甚至後來跑外務也需要她。很長一段時間裡，由於公司人手不夠，陸根田一個人送貨忙不過來，有些單子就要靠何明娥這個小女子出馬。

必須出遠門的那種她不適合，辦公室裡不能太久沒人顧，但如果只是在大稻埕附近的，例如有幾個客戶就在迪化街，像這種的訂單，何明娥就可以出馬。她一人就這樣將一桶桶的貨放在手推車上，沿路經過車水馬龍的市街以及人來人往的騎樓，她用纖細的雙手推著加起來比她還要重的貨物，送到客戶店門口。

忘了是因為看到這女孩那麼勤快，心中動起了想要娶來當賢內助的念頭，還是本來就對這女孩子有好感，總之，當時年近三十卻連一次戀愛都尚未談過的老實老闆陸根田，內心已經對這個會計助理有著「友達以上，戀人未滿」的感覺。心動怎麼辦？那就行動啊！可惜這是陸根田的弱項，就連兩人處在同一個辦公室空間，他也不知道除了談工作還可以講什麼話，或許也基於工作場合不宜談愛情的不成文守則，所以後來的追求行動，陸根田都是選在下班後的時間。

跟何家的互動

白天工作時不方便談戀愛，但下班後也不好意思開口跟她約會，這樣子感情怎麼談得起來呢？所幸再次地，老天又來幫忙，就這麼巧，錄取何明娥後才曉得，她的大哥竟然剛好是陸根田同年級不同班的高中同學。

前面曾說過，陸根田在高中時代，連畢業典禮都沒去參加，跟同學也很不熟，但是現在為了愛情，不熟也得裝熟，於是陸根田就以「探望高中同學」為藉口，這樣下班後就有理由去何明娥家了。當時何家已經舉家遷來臺北，在永和租屋。說實在的，何明娥也是個聰明的女孩，她的「老闆」明明平常上班已經可以常常見到面了，現在三天兩頭往自己家跑，說是要找她哥哥，這種「司馬昭之心」任誰都看得出來，她也懶得說破。

何家雖然來自宜蘭，不過並不是務農出身，而是有些做生意的經驗，這也培養了何明娥從小就懂得種種的買賣學問，後來襄助陸根田事業茁壯，這些商學底子算是很重要的助力。

何家的女孩多，共有兩男六女，一家十口人，養家也不容易。何明娥的父母想方設法經營各種生意，他們曾在宜蘭經營過服飾店、化妝品店，也曾在宜蘭省立醫院旁邊賣過清粥小菜自助餐。

然而畢竟宜蘭的市場太小，何家後來才舉家搬遷來臺北。陸根田那時雖然還沒追到何明娥，但其實準岳父、準岳母對這個「大兒子的同學兼女兒的老闆」印象還不錯，他們覺得這個小子一看就是個古意人，也沒有不良惡習，加上年紀輕輕就有自己的事業，應該是個值得託付女兒終身的好女婿。

甚至在還沒有娶何明娥過門前，陸根田就已經跟準岳父是好朋友了。這個準岳父也是個多才多藝的奇人，以前是花蓮和平水泥廠技工，手巧的他什麼機器都會操作，像當年宜蘭還有在使用一種協助打草繩的機器，就是用來做草包的那種草繩，機器壞了找不到人懂得怎麼修理，準岳父卻是這方面的專家，他也曾到陸家幫忙修理草繩機器，只是陸根田當時沒想到，這位師傅變成未來的岳父。可惜隨著草繩的沒落，準岳父的這項技能也變得無用武之地，當時兒女都大了，在身邊的除了二子一女，其他的女兒也已嫁人。

他搬到臺北後，就呈現半退休狀態，平日閒來無事，他會用那雙巧手自己製作棋盤，平常就以公益性質拿去公園送給那些老人，他自己因此常常流連公園，跟新認識的朋友在棋盤上廝殺。那時經常做為準岳父「司機」的就是陸根田，他會載準岳父到公園看人下棋，如果忽然有個人想下棋，但棋盤不夠用了，準岳父就會吩咐陸根田趕快回家去取，他便匆匆去到何家拿棋盤再送回公園。

陸根田一直都很孝敬岳父岳母，就像孝養自己的親生父母一樣。但由於他岳父長年為糖尿病所苦，在何明娥婚後沒多久就往生了。也因此，陸根田夫妻對岳母更加照顧，長達二十年的期間，把她接到家中親自侍奉，一直到去美國念書的二兒子何日生學成歸國，也在臺灣成為有名的學者，並在花蓮置產，把自己的母親接過去，陸根田的岳母才搬去花蓮與兒子同住。

儘管分隔兩地，陸根田夫婦對岳母的關心問候從不懈怠，每年年節或工作空檔，他們便時常至花蓮探望岳母，夫妻倆也在哥哥何日生家旁邊買了一棟房子。一方面常去花蓮參加慈濟志業，二方面夫妻倆有空就在花蓮住幾天，享受三代天倫之樂。

當年的何明娥也許會覺得，陸根田這個愣頭愣腦的老闆，雖然不是什麼帥哥，但肯定看得出他是個心地善良、奉行孝道的難得好男人。

同樣的，由於時光久遠，她的心是何時被打動，讓她願意追隨陸根田這個男人？一切都已不可考了。

咖啡館經驗

說起婚姻這件事，有哪對相愛的男女沒有吵過架？又有誰一輩子和另一半都相敬如賓？陸根田是個有心想要創業的男子漢，何明娥也是胸有點墨、很有見地的女子，兩個人的個性不同，又都有自己的想法，因此，小倆口吵架是很自然的，而每次爭執的和事佬，總不外乎親戚朋友。陸根田尤其特別感謝餐廳批發商黃長健老闆，為了緩和他們劍拔弩張的氣氛，春節年假特地開車帶他們去日月潭、溪頭一遊。

他們夫妻倆也磨合中，想找到對事業經營最佳的做法，蘭揚食品後來可以成為臺灣調理食品的領先者，以及水產蔬食等產品的重量級加工製造商，都是基於夫妻齊心努力打下的根基。

整體來說，陸根田是創業的人，但本性比較保守，長年節儉成性，也難免會在做某些決策時，可能心中比較優柔寡斷；相對來說，何明娥從小就看著家人做生意，會比較願意投資，當丈夫想要踩剎車時，何明娥就會適時的推一把，讓事業往前衝。

在蘭揚初創業那幾年，每當公司資金周轉出現缺口時，何明娥總是能展現她在金融圈的人脈力，讓各種資金得到通融，這也是蘭揚一次又一次化險為夷的關鍵。

很能看出夫妻觀念不同的一次經驗，那是在陸根田創業第三年，當時他和何明娥還沒結婚，有個朋友因為積欠債務無力償還，不過他手上有一間咖啡廳，因此就將咖啡廳頂讓給陸根田。

很多人包括蘭揚食品的員工都不知道，原來自己的老闆曾經開過咖啡廳，而當時擔任咖啡廳店長的不是別人，正是何明娥小姐。比起在蘭揚食品的倉庫記帳送貨，經營咖啡館展現了她的管理實力，那間店面位在南京西路，也就是新光三越對面那一帶，叫作「峯奇咖啡」，其實那一帶的人潮很多，何明娥帶領著五個員工，業績還不錯。只不過做餐飲業很辛苦，隨著蘭揚食品本業拓展需要人手，那間咖啡店只經營了一年多，何明娥後來還是回歸公司做會計事務，隔年就成為陸夫人。

在經營咖啡店時，何明娥就已有現代的衛生及環保觀念，當陸根田覺得很多耗材都還可以用，丟掉太浪費了，何明娥則是非常堅持，任何東西只要一過保存期限就必須丟掉，尤其食品類更是不能放過夜。何明娥這樣嚴謹的觀念，對於後來蘭揚食品的衛生標準建立上有很大的貢獻。

締結連理

陸根田與何明娥認識的第三年，兩人決定要步入禮堂結為連理。其實在那之前，兩人早就已經是事業共同體，每天從早忙到晚，為蘭揚實業打拚。最可以感受到事業當時正在起步是多麼忙碌的一件事，就是直到結婚的前一天，準新郎跟準新娘都還在為事業操忙。

當然他們也不是故意選在結婚前一天還那麼忙，然而做海蜇這一行，總是要跟時間賽跑，因為海蜇薄利多銷，盡可能不要庫存太久，當客戶有需求時，只要有貨就應該盡量供應，這方面是不能延遲的，即便隔天要辦婚禮也一樣。

在結婚的前幾天，陸根田跟基隆同行「泉和行」購買了一批太陽海蜇皮（形狀像太陽），當時這批貨滿搶手的，已經放在基隆暖暖的倉庫裡。陸根田已開了期票給對方，把整個倉庫的貨都買下來，包括當天以後的冷藏倉庫租金，也要由蘭揚這邊負責，數量大約兩個貨櫃那麼多，由於市場本來就已經缺貨，而且新到海蜇皮也必須趕快處理。

結果這兩個隔天就要結婚的年輕人，前一天並不是在商討婚禮細節，而是穿著工作服，驅車來到暖暖，他們要先做前置作業，把原本五十公斤一大木箱的包裝，拆裝成十六公斤一鐵桶的小包裝。這件事動作要趕快，因為等結婚儀式後，就真的有幾天不方便作業了。

兩人從上午忙了一段落後，新娘何明娥先趕回中和老家，開始準備嫁妝等事宜；而陸根田則繼續忙到晚上，勞動的工作讓他全身是汗，回家匆匆洗個澡後，接著開車回宜蘭礁溪，因為迎娶是要從老家出發的。就這樣，他晚上趕路開車經過九彎十八拐的北宜公路回到礁溪，準備迎親的事宜忙到深夜，也沒怎麼睡，一早就隨著迎親車隊出發到臺北接新娘了。

陸根田還記得當天其實有點緊張，不只是因為娶親緊張，也因為路途遙遠，加上路上有些塞車的狀況，到中和時已經有點遲到了，幸好最終還是趕得及在良辰吉時，也就是正中午前車隊抵達新娘家。

新婚夫婦創業維艱，當時的經濟並不寬裕，包括要舉辦婚禮的經費，也是透過國泰人壽保費質押預借的現金。這筆錢除了婚禮的花費外，主要就是結婚戒指，當時由於國際因素，黃金價格漲得非常高，一兩黃金大約四萬多元。總之，這對共同打拚創業的二十幾歲小夫妻，就這樣締結連理了。

原本婚宴只辦在宜蘭礁溪老家，後來因為南北貨商圈大家的盛情難卻，因此兩人之後又在迪化街補辦了一次宴席。當時請外燴師傅來辦桌，是同行海蜇批發商前輩「燈塔」陳老闆夫婦介紹的，費用比餐廳省一點，當時來賓坐滿了十幾桌，這也看得出陸根田在大稻埕一帶已經小有名氣，是在地商界的新興之星。

雖然事業忙碌，陸根田還是沒有虧待新娘，婚後有了整整三天的蜜月假。還好婚前已經把該進貨的料都準備好，蜜月一結束，夫妻倆再度捲起袖子，立刻就投入忙碌的銷售生意。

小夫妻的忙碌創業歲月

陸根田如今雖然已是臺灣即食調理產業的重要領先者，但是每當談起感情生活，他還是會感到有些靦腆。工作認真、個性穩健內斂的他，這一生只交過一個女朋友，也就是後來成為陸夫人的何明娥。兩人從一九八七年結縭至今超過三十五載，他們的家庭故事，也正伴隨著蘭揚食品的成長史。至今陸根田對伴隨他這幾十年的伴侶依然讚不絕口，是終身的親密伴侶，也是蘭揚發展茁壯不可或缺的事業夥伴。

相遇即是有緣，他很感恩老天爺的安排，能夠認識剛好跟他個性互補的另一半。陸根田從小就節儉慣了，做事業的心態相對比較保守，還好他並不固執，願意察納雅言，像是夫人的意見，幾乎就等同公司的決策。特別是跟財務相關，很多的大型計畫，陸根田對花錢這件事還是會感到心疼，然而此時陸夫人就會展現她的氣魄，該推動的工作就是要推動。

從前單身的時候，陸根田衝事業凡事自己做決定，但也必須說，那段人生有很大的運氣成分，剛巧他在不同階段遇到不同的貴人，最終讓他走上創業路。而有了夫人當終身夥伴後，等同蘭揚有了一位軍師，公司裡大大小小的事，像是該進什麼貨或聘用什麼人，陸根田都會與夫人商量。

兩個人大部分也都有共識，既然已是夫妻就要同甘共苦，就算創業初期比較克難，連戒指都是借錢買的，他們也不以為苦。包括婚宴請客也因為好友幫忙，場地不用租金，外燴則是同行引薦有優惠。

在困頓的情況下打拚，因此兩人都決定暫時不生小孩。這對夫妻直到結婚三年後，才有了第一個孩子，而當老大出生時，公司的營運基本上已經上了軌道，事業也已經拓展到海外，乃至於當老大出生那天，陸根田他正在中國大陸談生意，至今談起這件事，他還是有些小小遺憾。不過這也是因為孩子比預產期要提早來這世上報到，所以照原定行程在海外洽商的陸根田趕不及回臺，當他輾轉從中國大連回來，孩子已經在襁褓裡，睜大眼睛看著他這位爸爸。

說起來，夫妻倆初始會經營事業經營得那麼辛苦，主要是這個行業的屬性使然。進貨時必須要準備好足夠的資金，但貨到了後卻無法很快變現，因為銷售需要時間，而囤貨每天都是成本。當時蘭揚的生意其實是興旺的，但苦惱的是總是處在擔心資金的狀態。

翻開帳戶，資金及資產不是沒有，但多的是現貨與支票，現金卻永遠感到不夠。而實際上有錢也不能存下來，因為必須趁現金在手，多多進貨，有進有出公司才能成長，於是就變成人永遠在追錢，並且總是左手進、右手出。至於夫妻倆的日常生活，就變得能省則省，陸根田夫妻便是這樣走過了這一段非常刻苦的歲月。

陸夫人：真正的賢內助

蘭揚食品早年刻苦創業時，陸家還沒有自己的房子，最早他們夫妻是住在蘆洲何明娥的大姊家。提及這段歷程，陸根田露出微笑，他說當初本來聽說蘆洲有一間房子不錯，就請自己的大姨子（也就是何明娥的大姊）帶何明娥去看屋，結果看到後來，變成大姨子很喜歡那間房，於是她便將房子買了下來，然後再租給陸根田夫婦。說起來大姨子也算有投資眼光，當時那間房子所在的蘆洲算是偏遠的，但如今當地非常繁榮，房價飆漲，陸根田笑說大姨子簡直賺到了。

陸家後來當然還是買了自己的房子，那是典型小企業常用的模式——住家跟辦公室一起。位在環河北路，陸家擁有四間房，一樓做為蘭揚食品的倉庫，樓上兩間房做為辦公室，當時他們也兼做零售，因此日夜都有人登門來買東西。

同棟大樓還有一層樓，就是他們的住家。就算是做生意也不能沒日沒夜，每週必須有一天休息，儘管當時尚未實施週休二日，但是依規定，星期天是休息日。只不過陸家完全不得閒，因為一年四季天天都有人登門要買海蜇，而蘭揚食品當時已經做出名聲，周邊商家都知道要來這裡買貨。

包括星期天明明鐵門已經拉下來了，但是大家都知道陸根田就住在樓上，所以就算是週日，還是有人登門拜訪。其實很多商家根本就是自己懶得囤貨，或想要節省庫存成本，於是就把蘭揚當成自家的倉庫，反正有客人叫貨就趕快去蘭揚食品這邊現買就好。當假日有人按門鈴時，陸根田也只能笑笑的接待客人，總不能得罪客人吧？

就這樣連續好幾年，陸家過著沒有自己休閒生活的日子，直到後來孩子在北投讀書，陸家就近搬去北投住，才真正做到工作與住家分離。直到這時候，他們才能有時間享受不被打擾的居家生活。回顧起來，那也是一段不短的時光，陸家有大約六年的時間是住在環河北路，而由於大環境的變遷，給勞工的假期也逐漸由週休一日半轉為週休二日。

隨著孩子的誕生，蘭揚事業的逐漸成長，當時常態住在環河北路的，還有一個重要人物，那就是陸根田的岳母。當陸根田夫妻沒日沒夜拚事業時，還好有岳母協助顧孩子。那段時間，陸根田國內國外衝事業，而何明娥則有更大的事要操煩，每天醒來就頭痛著帳務該如何平衡，甚至夜不成眠地為第二天的資金周轉煩惱著。

如今回憶起來，也不曉得當年是怎樣走過來的？因為似乎每天都在擔心錢，但最終在何明娥的靈活理財下，蘭揚從來沒有發生過跳票事件。她總是可以把資金進出的每筆資訊都抓牢，有哪些進帳、有哪些支出，一毛錢都逃不過她的法眼，都要算得剛好精準。這個洞由哪一筆進帳來補，那個洞要怎麼調錢，就是她的精打細算，讓蘭揚食品得以撐過創業期，最終可以奠定長治久安的基礎。

而何明娥對蘭揚食品的貢獻，遠不止在於資金調度以及財務規畫方面。事實上，她是蘭揚食品轉型的大功臣，蘭揚食品決定朝即食調理的經營模式發展，最早就是出於何明娥的建議。

陸夫人是研發第一把交椅

從事海蜇交易，其實就是典型的買賣賺差價，今天我們有本事取得品質優良的貨源，也有常態互動的買方，在貨銷出去中間賺一點利潤，但有限的資金必須趕快再投入購買新貨，這就是這一行的常態。中間若是有些突發的狀況，例如原物料上漲、買家沒有預期付款，或者貨品賣得比較慢，公司的營運就可能會發生危機。因此必須找到新的商業模式突破，跳脫舊有單純貨品買賣的框架，公司才有新的發展可能。

最早注意到可以做調理食品這條路，是陸根田夫妻倆去海外考察時看到的。

那時他們在日本的生鮮超市，看到這種事先已經調理好的真空包，消費者買回家後，只要簡單料理就可以食用，於是何明娥便建議蘭揚也可以嘗試看看。

畢竟夫妻倆一天到晚都在碰海蜇，對這項產品熟悉到就算閉著眼睛也可以料理，因此他們決定就從最熟悉的海蜇皮開始做起，把海蜇皮做成料理包成品，先在熟悉的地盤迪化街試水溫，結果做出成績，後來也成為蘭揚食品的主力產品。

那時候還在蘭揚發展早期，做生意不容易，有時候也會碰到有人故意欺負這對年輕夫妻的情事。例如明明調理包買回去就要冰起來保存，這是基本常識，但是偏偏有人買回去不冰，然後等調理包腐敗膨包了，就拿回來大聲抗議，說東西壞掉要求退費。做生意以和為貴，陸根田也只能忍氣吞聲把錢退還，只是再後來，就要特別注意這類的奧客。

何明娥不僅僅具備生意眼光，她也是蘭揚食品最頂尖的味覺品嘗師，蘭揚食品出品的每一道料理，都是經過何明娥親自品嘗且調味到最適合，才會正式商品化問世。

即食調理系列從最早的海蜇皮開始，之後在何明娥帶領的團隊研發下，逐步發展出干貝唇、螺肉、魚卵等各種口味。可以說只要何明娥出手，從沒嘗過敗績，每一項推出的食品，都能抓住客戶的胃。也就是說，何明娥的品嘗，就可以代表著一般市場大眾的口味。這樣的功力，連陸根田都自嘆弗如，所以至今蘭揚研發第一線的把關者，都還是由何明娥坐鎮，從當年的水產到如今發展的蔬食與植物肉等系列產品都是如此。

一家四口幸福家庭

陸根田有兩位公子，大兒子誕生於事業開始起飛的一九九〇年代，之後隨著蘭揚事業版圖越來越大，陸根田以及何明娥都投入非常繁忙的事業拓展中，雖然沒有刻意規畫只生養一個小孩，但是一年一年的忙事業，看著兒子漸漸長大，都已經要上高中了，似乎就這樣準備過著一家三口的人生，所以二兒子的誕生，算是出乎夫妻倆的意料之外。

當時陸夫人突然感到身體不適，最初還以為只是感冒著涼了，去診所看醫師拿藥，還找了有民俗療法背景的黃錦秀同學幫忙按摩，但是她依然不舒服，這才覺得不對勁，後來改到大醫院看，結果竟然發現是懷孕了，陸根田被通知他又要做爸爸了。因此陸家的兩個孩子，中間差了十五歲。

而這個二兒子也很特別，一出生就是個素食者，似乎傳襲著母親的胎教，陸夫人當時已吃素多年，因此二兒子就是個胎裡素。初始家人還不明白，因為岳母當時餵孩子吃新鮮的吻仔魚，這孩子竟然吃一口就全部吐掉，再之後才漸漸發現，二兒子似乎不愛吃葷食。

陸家二兒子的出生，也是一個吉祥象徵，可以說他的出世，見證著蘭揚步入穩健發展正軌，再也沒有從前陸根田夫婦跑三點半的那種窘迫。並且在那時候，蘭揚也朝著更多元發展，內外銷事業皆蓬勃發展。後來長子去美國留學，回國後為了提升自我行銷專業知識，於淡江大學攻讀國際行銷並取得碩士學位，畢業後回到自家公司，襄助父母的事業。而在本書出版的這一年，二兒子還在念大學。

陸根田一家四口人相處和樂，夫人賢慧持家，同時又是蘭揚食品的棟梁，不只擅長財務、投入研發，本身也因為商學背景，對蘭揚食品的經營管理做出主要貢獻。包括各種電腦系統的轉換、人事制度的革新，乃至於她也能跑客戶談生意，是標準十項全能的企業家夫人。

陸根田總是覺得上天對他如此厚愛，能夠讓原本樸實沒什麼魅力的他，得以遇上這麼一位既美麗又有才幹的好妻子。如今蘭揚食品由陸根田擔任董事長，何明娥擔任總經理，陸根田覺得很多事他都不需出面，夫人已經把整家公司掌管得有條有理、事業興旺、金流通暢。

有時候回頭想想，這世間有多少人「一次」就能遇到對的人，這樣例子實在罕見，莫說現代那麼多離婚案例，單就正常相處的婚姻而論，大部分人的一生中，可能都交過不同的異性朋友，最終才與最契合的伴侶結縭。

像陸根田這般，過往沒談過戀愛，卻能在第一次談戀愛就找到終身伴侶，這的確是難能可貴的緣分，是值得珍惜一生的情緣。

經營篇

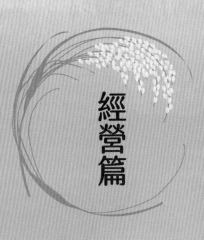

走過那段創業的時代，見證八〇年代的海蜇事業興衰。蘭揚食品算是後起之秀，在陸根田進來這個產業前後，市場上有幾個老資格廠商及品牌，但後來因經營不善或沒有轉型成功，而一家一家歇業，結果蘭揚食品存活下來，且成功轉型為現代化企業。

中間過程也是歷經艱辛，光是為了資金奔走的那段歲月，幾度也擔心公司撐不下去，最終還是靠著堅持毅力與永不懈怠的努力，陸根田青年創業成功。

一個企業要從一人小企業，成長到如今的跨國事業，單靠努力是不夠的，必須審時度勢，抓住時機適時轉型。當年蘭揚食品從批發做起，後來不論是在產品線的更替升級，以及海內外的市場深耕以及開拓，都在對的時間點，做出正確抉擇。

從小公司變大公司：企業如何轉型

一九八八年，蘭揚食品由延平北路到安西街，再搬到環河北路，都是在迪化街商圈內，當時還是租賃辦公室，到了一九九〇年就把店面買下來，直到今天那房子還在，是陸家的一個出租物業。

算起來那是一個讓蘭揚起飛的寶地，因為那裡正是各大廠商的匯聚之地，包括許多批發商以及餐廳業者，包括附近的環南市場、漁市場及果菜市場，都會經過環河北路上高速公路，往南北去做生意。蘭揚食品當時本業是做批發生意，尚未做零售，也就是說，來買貨的一定要有一定的量，當時是論鐵桶計，不過因為鐵桶容易生鏽及環保概念，蘭揚食品首創將鐵桶改成紙箱包裝，後來國內外廠商也紛紛棄鐵桶、木箱，改為紙箱包裝。

陸根田記得那段時期，有個來自臺中五福的大客戶，每次來到環南市場賣東西時，滿滿的一車來，回程是空車，就會來裝滿蘭揚買來的海蜇皮回去，這個客人每個星期都會來個一、兩次。蘭揚食品最早進口是由馬來西亞全利公司東馬斗湖謝老闆所生產的海蜇皮，主要都是銷售給這個客人，算一算足足都有二十幾個貨櫃量。

踏出國門拓展貨源

提起貨櫃，就直接關聯著國際貿易，蘭揚初期轉型，由小公司逐漸建立起規模的關鍵，就在於貿易。

早先時候因為貨源來自其他進口商，做生意總受制於人，當你生意興隆時，有助於那些進口商銷貨，大家都樂於持續供貨給你。但是當他們發現你越做越大，已經成為他們的勁敵時，大家就有意無意的故意抬高價格，阻撓你取貨，或是給你較次等的貨。也因此，陸根田覺得這樣下去不是辦法，必須自己跟源頭接洽，於是就如同前面介紹過的，靠著丈母娘的房屋貸款，讓蘭揚得以開信用狀做進口生意，蘭揚終於不再受制於人，後續發展一片坦途。

當時陸根田拓展的足跡包含馬來西亞、印尼、泰國以及中國大陸，這些都是主力引進的產地。後來也陸續有跟印度甚至美國佛羅里達州進貨，只不過比較不是主力貨源。說起來，陸根田本身並沒有高深的學歷，夫人何明娥也只是一般商業學校畢業，兩個人當時都不擅長英文。然而這就是陸根田的過人之處，即便本身不具備語言優勢，他後來依然可以靠著誠信以及勤勞互動，和一個個海外供應商建立起長遠的合作關係。

英文的部分，其實還是可以透過報關行協助溝通，開信用狀則是銀行端的事，做生意本來就不是談情說愛，陸根田也不愛咬文嚼字，和海外溝通就寫重點。

透過簡單的傳真，從最簡單的一件、兩件樣品建立關係，初步看樣品覺得可以，陸根田接著就親自飛去海外，跟供應商見面以及生產評鑑。

做食品的生意，品質是最基本的要求，這部分陸根田絕不委託他人，所有合作廠商的第一次驗貨，都是陸根田親自出馬，也因為老闆本人到場，讓對方感受到了臺灣這邊的誠意。

在服兵役前，陸根田的足跡只侷限在宜蘭礁溪一帶，到了正式創業後，才開始因為賣貨、送貨的機緣到臺灣各地，但他那時都從未出過國門。然而從蘭揚決定做進口貿易開始，陸根田成為足跡遍及世界各大洲的人。

他從三十歲左右到年過六十，每年都出國多次，包含參展、拜訪供應商以及後來開發外銷市場，他去過許多國際大城市，也去過一些較偏遠的異國偏鄉。印象中第一次自己出國，去的就是一個偏遠的地方——東馬的砂勞越，去拜訪供應商「大都」公司。首度獨自出國就碰到需要複雜交通轉換的行程，陸根田心裡的緊張程度不在話下。

這其實是非常不容易的，不僅因為是第一次單獨出國，也因為他去的地方不是一般熱門的觀光景點，既然要拜訪的是水產供應商，地點自然就會要去靠海的樸實漁村，而這些地方多半不是位在大都會區，因此當地並不太懂得英文。就這樣一次又一次的從無到有，認識一個又一個新的供應商，也去到一個又一個文化風俗跟臺灣截然不同的城鎮。包括中國大陸廠商的開拓，對陸根田來說也著實不容易，靠著一個個朋友引薦認識廠商，在嚴寒酷暑下搭船、坐車，南北長途跋涉，聯繫對口單位，親自與客戶商談。

當然也有一些廠商來自網上搜尋，總之就這樣，陸根田跑遍了上百個城市。如果陸根田在從事食品事業之餘，想要拓展餘興副業，那麼由他來撰寫各國遊記，一定也能吸引相當的讀者群。

拚命賺錢但依然有危機意識

算起來，陸根田出國的經歷也超過三十年了，這中間有沒有遇到不肖廠商呢？肯定是有的，一般人做生意，難免都會有不好的經驗，更何況陸根田初期交易的進口地區，有許多是東南亞治安較不好的地區，難免會遇到不好的廠商。原本訂的是兩貨櫃的紅海蜇頭，然而實際收到貨時，卻變成了沙海蜇頭，雖然一樣是海蜇，價格卻差了好幾倍。而且重點是沙海蜇頸還真不好賣，因為不是市場主流，此外，還得加上稅金，成本負擔相當大。不過陸根田還真有本事，即便是不如預期的商品，他後來還是想方設法找到有需要海蜇頸的買主，少輸為贏，趕緊把貨銷出去。

正常情況下，那兩貨櫃的海蜇可以賣出很好的價格，因為當年海蜇是如此熱門的產品，幾乎是每家餐廳的必備款，反正去餐廳吃宴席，就一定少不了海蜇，其他像是總鋪師做外燴，也都常態會有海蜇這道菜。由於國內市場需求量龐大，一整年上百個貨櫃的銷量跑不掉。

然而隨著時代變遷，人們的生活習慣也會改變，這一點陸根田最清楚不過了，因為他最了解各餐廳的點餐趨勢變化。就以海蜇為例，從前是餐廳必備，但現在已經不太流行了，市場縮減成當年的五分之一不到，每年可能進口十來個貨櫃就夠了。

像海蜇皮這種食品，需要廚師特別處理，加上做工繁複，年輕一代的廚師就漸漸不喜歡了。對新一代的廚師來說，比較受歡迎的是有現成的食材可供料裡，像是調理食品就很受歡迎，這也正是蘭揚很早就投入研發的領域，甚至要說是蘭揚食品影響臺灣餐飲業也不為過。

隨著貿易事業的拓展，蘭揚靠著自己的穩定貨源，也在國內建立穩固的通路，生意越做越大，公司不僅買下環河北路的房子當辦公室，又在民權西路買下倉庫。當時雖然比較沒有進出貨資金周轉的問題，但後來又有另一種資金需求，那就是投資廠房的問題。隨著事業擴展，生產線就必須擴張，無論蓋廠及引進機器設備，都要龐大的資金。

從最早買下環河北路房子，以及後來在宜蘭及中國陸續蓋廠房，每次都需要極大數字的資金調度，所以即使蘭揚的事業版圖變大，可是陸根田夫妻仍然總是在籌措資金。

事業真正比較穩固，長年收入大過支出，其實是在二兒子誕生那年開始，所以陸根田夫妻總說，大兒子誕生時事業開始起飛，二兒子誕生時則事業開始蓬勃。當然，借錢是必要之惡，企業家面前總有兩個選擇，是要故步自封，期望整個世界都維持現狀，每個月賺一樣多的錢，還是大膽引進新資金投資，擴廠提升產能，讓企業發展到另一個境界？

以環河北路為基地，陸根田進口的商品只是海蜇皮，另外還有海帶、金針，甚至還賣腰果、魷魚絲，一些乾貨也兼著賣，不過那時候最大宗的商品還是海蜇，特別是過年過節賣最多。

陸根田的交易過程也並非總是平順，也曾碰到被倒帳的情況，另外，許多的南北貨交易金額看似很大，但最終結算利潤並不高，畢竟還要跟同行做競爭。所以儘管蘭揚的營業額已經大幅成長，但陸根田依然存在危機意識，這也是日後轉型做調理食品的背景原因之一。

開始做即食調理食品

蘭揚食品即食調理食品元年，是一九九二年。那年陸根田和夫人去日本參觀過海外的調理食品包銷售後，覺得這條線有市場，而且臺灣當時很少人在做，因此就開始嘗試在國內做調理食品包。

因為單純只靠原料販售，也就是好比說單單賣海蜇皮，利潤其實並不高。但若是做成海蜇即食調理包，是否就能開拓一個新市場呢？這部分在當時有很大的未知數，畢竟臺灣的飲食方式和日本不同，臺灣喜好熱食，日本偏向冷食，所以日本可以做的，臺灣不一定可以做。更何況之前另一家廠商鴻吉有了失敗的經驗，所以蘭揚更應該要穩紮穩打。

所謂的即食調理包，就是把食材做成調理食品後冷凍保存，只要廚師或家庭主婦經過退冰或加熱，不需要再處理過就可以上桌食用。但是該怎麼做海蜇調理呢？當時陸根田夫婦也經過許多次失敗，最後終於做出一款自己和朋友試吃都覺得不錯的口味，才決定開始對外銷售。

那時候各項食品法規比較寬鬆，所以海蜇絲調理包就是簡單的包裝，就可以直接拿去市面上銷售。第一年嘗試委託給迪化街客戶「政興行」寄賣，沒想到反應很不錯，陸根田夫婦覺得市場可以接受調理食品包，因此信心大增，後來又研發了干貝唇調理包，以及日本進口的人造魚翅調理包。

正好一九九五年臺北市首次推出迪化街「年貨大街」活動，陸根田當時就繼續委託幾個客戶銷售，成績也都不錯，就這樣，連續十幾年都在迪化街賣。後來陸根田繼續投入研發，陸續研發出裙帶絲、鮑魚、螺肉、魚卵等口味，也因為品項很多，後來乾脆自己設攤來賣。

那時候的業績有多好呢？就在春節期間，也就是年貨大街活動的那十幾天，這些即食調理包的總營業額竟然高達一千多萬元。由於明顯感受到即食調理包有一定的客群，甚至有些客戶急著要貨，乾脆在公司排隊等待，蘭揚也就連續好幾年在迪化年貨大街擺十多個攤位，販售即食調理包。最終因為整體大環境經濟轉型，各縣市都有年貨相關通路及活動，迪化年貨大街的買貨人潮銳減，銷售跟著衰退，蘭揚才停止在迪化年貨大街擺攤。

無論如何，這算是臺灣本土首次推出即食調理包的嘗試，也就是說，蘭揚食品是從零開始打造臺灣的即食調理食品市場。

隨著企業經營與時俱進的成長，這種克難的手工時代終須轉型，走向制度化以及品牌化，蘭揚開始建置了自己的專業工廠，一切採取嚴格的標準檢核。那時候創立的品牌就是「海師傅」，從那個時候開始，海師傅就成為臺灣即食調理食品的知名品牌。

正式設廠

想想早年時候不靠機器，就這樣手工做調理包，那是多麼辛苦的作業，所以當時只聚焦在春節前夕，也就是從民間的尾牙一直到農曆除夕那半個月。當別人喜氣洋洋準備迎接長假時，陸根田則是帶著幾個員工，幾乎沒日沒夜的工作，一天只睡兩、三個小時。一大早工讀生就在公司集合，要去年貨大街擺攤，然後賣到晚上，甚至連凌晨一、兩點都還有人來買，之後還要記帳理貨等等，往往要到凌晨四點才能就寢，然後早上八點前又要擺攤做生意，真的是做到人仰馬翻。

蘭揚真正成立工廠，是在一九九七年，也正是在這年，蘭揚真的回到蘭陽了。雖然命名為蘭揚，但過往不論辦公室地點以及營運市場都不在宜蘭，因此陸根田決定把工廠設在故鄉宜蘭，這樣他不僅可以回饋鄉里，也可以為在地青年創造就業機會。

陸根田也有實務考量，以蓋工廠來說，宜蘭的確是相對熟悉的環境，而且離臺北也算近，於是他就積極在宜蘭找地。正好當時在宜蘭五結利澤，那裡原本是王永慶先生的六輕計畫預定地，後來因反六輕運動而取消計畫，陸根田覺得那地方還滿合適的，便還在那裡蓋起工廠。

陸根田記得在工廠興建時，他有長達兩年的時間必須臺北、宜蘭兩地跑，當時還沒有「蔣渭水高速公路」，所以他都得走彎彎曲曲的北宜公路臺九線，路程遙遠，開車疲累，來回要五個小時以上。

陸根田認為第一次蓋廠必須親力親為，當時他並沒有委託什麼工程設計顧問，全都靠自己與陳逢澤建築師聯繫，然後找旗下的凱達營造廠來合作，怎樣規畫、怎樣施工，陸根田自己也是從零開始學習，一邊和營造廠工頭溝通，一邊進行廠房營建。當年蓋廠房時，就有聽聞政府的國道五號準備要通車了，陸根田還心想，高速道路通車後正好配合工廠設立，結果一直到整個廠房都蓋好了，國五還沒有通車。事實上，真正通車已經是二〇〇六年的事，當時工廠也已經營運七年了。

在這個階段，調理食品的製作都有嚴格的 SOP 流程，也有正式的工廠登記證。每日生產量不算多，當時一天大約備有幾嚬產品，也是走九彎十八拐的北宜公路或濱海公路送去臺北。

企業經營必須不斷轉型

許多時候市場是創造出來的，這是陸根田經營企業深知的道理，畢竟消費者也是接觸到新商品，才知道自己喜歡什麼。對企業經營者來說，一方面需經營好原本既有的市場，滿足現有客戶的需求，一方面也需要時時創新，開發出可以讓消費者接受的全新產品。

蘭揚食品的經營，就經歷過這樣的轉型，最早時候的主力買家是批發商，其實到今天也依然如此，只是早在調理包剛問世時期，就已經做到了 BtoB，到現代則因應網路普及以及各類電子商務，跟消費者有更多互動，因此BtoC小包裝產品因應而生。甚至到了二〇二一年，也開始開設「Henry's cafe」專屬的餐廳，不只供應食材，還直接供餐。但主力依舊是批發零售等通路，在這方面，蘭揚也見證了時代的變遷。

在尚未開發出調理包的純食材年代，供貨對象就是餐飲業以及各地區的批發商，客戶很多，但每個客戶進貨量都有限，只有一些較大型的批發商會下大額訂單。對蘭揚來說，面對不同通路有不同的行銷規畫，因為各賣場鎖定的族群不相同，絕非一項產品穩固後就可以安逸，需要時時檢視市場現況，產品口味需要調整，包括包裝方式以及促銷戰略，都要經常性的舉辦行銷會議。

臺灣調理食品體系，最早就是由蘭揚食品發展出來的，直到今天，蘭揚也是調理食品的領頭羊，但是在發展過程中，陸根田帶領著全體員工絕不懈怠，沒有一刻不在思索著公司下一步要怎麼經營。

因為商場競爭是很現實的，消費者習慣也是會轉換的，沒有什麼商機是永恆不變的。最典型的就是海蜇，這可以說是蘭揚食品起家的品項，當年是獲利的主要來源，但是現在早已不是主力商品了。

在當紅的時候，陸根田可以不惜成本不斷的進貨，因為市場就是有那個胃納。隨著臺灣經濟剛起飛，南北各地的餐飲宴席每天都需要海蜇，幾乎可說進多少貨就肯定能全部賣出，進貨越多賺越多，這也就是為何當年蘭揚時時都有資金壓力，因為一收到貨款，大部分都必須再支付出去拿來買貨。那過程雖然辛苦，甚至經常戰戰兢兢，有調頭寸的焦慮，但最終蘭揚食品也靠著站在那時代的趨勢，逐步賺到可以站穩腳跟的報酬，用來投資擴廠。

如今海蜇已經不是蘭揚的主力商品，市場上也非大眾主流，有些品項例如紅海蜇頭量少價昂，從前一公斤一塊美金，但現在就算有人要出一公斤十幾塊美金，也不一定買得到了。包括海洋環保意識抬頭，以及氣候變遷大環境的生態改變，水產也越來越不好經營，這也是之後蘭揚逐步轉型朝蔬食發展的背後原因之一。

建廠以及效能大幅提升

蘭揚轉型成功的兩大關鍵：第一是以新的思維推出產品，甚至改變營運模式。蘭揚從原本傳統的批發小公司，後來走上品牌化以及國際化，格局已經不可同日而語。第二就是經營效率，這部分很重要的兩大步驟，一個就是透過建廠以及改變生產流程，提升生產效率；另一個就是產銷制度，包括國內通路合作，以及海外找到優良經銷商，在整體策略布局上，都必須年年做改革。

蘭揚食品最早蓋廠房時，宜蘭的土地還是相對的實惠，早在蔣渭水高速公路通車前好幾年，蘭揚就已經完成了購地蓋廠。雖然當時的成本較低，但依然是一筆龐大的費用，蘭揚不可能一次以現金支付。陸根田很感恩企業經營不同時期總會遇到貴人，例如蓋廠初期需要資金，雖然銀行分行已經審核通過分期支付蓋廠的工程款，但是由於部分幾期的資金，總行要簽核還未放行，此時有銀行副理願意私人借貸百萬資金給他們。不過陸根田覺得盡量不要牽涉到私人借貸，還是湊合到足夠的蓋廠經費就好。

說起來，當初蓋廠這件事並不被看好，畢竟對經營幾十年南北貨市場的迪化商圈來說，這裡每家都是傳承了好幾代，有的甚至是從清朝就已經打下根底的實業，大家都是傳統模式做生意興旺到現代，舊有的模式好好的，幹嘛花大錢，而且是花好幾千萬甚至上億的資金來蓋廠房？當時大家都強烈質疑，好幾千萬的成本，要賣多少南北貨食品才賺得回來，這樣的投資光是用想的，就覺得很難回本。因此陸根田當初的蓋廠計畫，被大多數的人看衰，也許表面上恭喜或佩服他，暗地裡卻搖頭嘆氣，甚至也有人以好朋友的立場出來勸阻他別那麼傻，所以當初蘭揚食品要貸款蓋廠，並不是那麼容易的一件事。

然而事實證明，當初這個決定是對的。如果蘭揚還是守著本業，在環河北路那邊經營南北貨批發，也許還是可以生存下來，但是營運規模大概就只是這樣了，不可能成就後來的國際化大企業。而真正讓蘭揚的營業額突飛猛進，正是在蓋廠之後，原因很簡單，畢竟供貨量大了，眼界也就更寬了。

從前只專注在眼前有限的大池塘，後來拓展到五湖四海；以前只是餐廳老闆做為宴席上菜的採買管道，現在是深入每戶人家，包括現在人人都可以上網訂購的即食食品。

不誇張地說，是蘭揚引領臺灣民眾早日走向現代化的飲食習慣，那時正好也是臺灣經濟富裕後，當雙薪家庭更普遍，工商社會發展更多元，都讓飲食模式需要變得更為彈性，而蘭揚食品的即食調理食品，正好因應社會上這部分的需求。蘭揚食品後來又在海內外持續建廠，但發展重點不僅在於生產能量的提升，更多的是在品質上的轉型，具體來說有兩件事，也就是工廠認證以及管理現代化。

轉型嘗試，找出定位

早年時候，蘭揚也是手工模式起家，包括陸根田自己，年輕時候經常要自己手工切海蜇絲切到半夜，就算即食調理食品初問世，也是比較克難型的在幾十坪空間裡，大家用手工製作。

廠房蓋好後，並不代表有機器運轉就可以大量銷售，因為隨著民間對食安的重視，甚至包含環保相關規定，不只食品本身要通過嚴格檢驗，產品包裝也要採取不會危害地球的材質，這樣市場才會接受。二〇二三年為響應低碳環保訴求，邁向永續不落人後，從食品包裝開始減塑，蘭揚食品與經濟部國際貿易署與外貿協會受邀，參與出口產品減碳包裝設計計畫，並以「低耗能」、「回收再生減少製程」、「最少包裝廢棄物」、「環境友善社會責任」為執行原則，由陳永基設計師親自操刀設計，以創新為出發點，實現低碳包裝目標，減少對環境的衝擊，並得到經濟部頒獎肯定。

這個過程是漸進的，而蘭揚食品也就是在這樣大環境的趨勢需求下，不斷改良製程，可以說蘭揚食品的工廠發展史，正對應著臺灣食品管理及環保史。在這方面，於陸根田夫婦的嚴格要求下，採取的都是最嚴格的標準，早在一九九九年，蘭揚食品工廠就已經取得臺灣本地的衛生認證。但這對陸根田來說，只是一個起碼的低標，因為不僅在國內行銷要符合民眾食安需求，當時也已經計畫要準備朝國際化發展，因此於二〇〇〇年特別聘請海洋大學張正明教授，輔導導入歐美各國最嚴格的工廠 GHP（The Regulations on Good Hygiene Practice for Food）食品良好衛生規範準則。

蘭揚食品在二〇〇一年分別取得符合美國標準的 HACCP（Hazard Analysis and Critical Control Point）認證，以及符合歐規標準的 EU（European Union）食品衛生認證。

一間工廠的出品品質，是否符合最嚴格的要求，其實問國內食品大廠最清楚了，統一食品是眾所周知臺灣飲食產業的龍頭，而統一集團旗下的統一超商 7-11，就曾委託蘭揚食品負責他們的鮮食部小吃供應。

相信許多人都吃過蘭揚食品製作的菜色，當我們在 7-11 購買便當或者一些民間傳統美食，例如肉羹調理包或梅子蒟蒻麵，可能就是蘭揚食品製作的。那時 7-11 針對上班族不斷開發出的不同便當或小吃口味，好比說當時還推出過大腸麵線，那個產品背後的調理食品包專家，就是蘭揚食品。

以訂單量來說，那當然是很大的一筆訂單，舉例來說，7-11 推出的「老張牛肉麵」，裡面附上的鹹菜醬料一小包，就是由蘭揚食品提供，可別小看它了，一天的出貨量可以高達好幾萬包。

但是對蘭揚來說，這樣的專案既忙碌量又大，當時為了配合製作這些食材，也另外添購機器，機器本身也難以針對其他客群的商品進行生產。這種客製化的合作模式，對蘭揚食品來說算是當時一種新的商業模式，但最終評估這並不是合適的路線，因此彼此合作了大約三年的時間。

陸根田回顧合作的那一段期間，機器早晚不停的運轉，員工都必須熬夜加班。當一個新的食材要求下來，就必須開新的生產線，而且還需為此增聘員工。但並不是每個新產品都禁得起市場考驗，有時產品推出後不久就喊停，然而機器跟人員都已經投資下去了，對蘭揚來說，如何安排閒置人員，又成了頭痛的問題。

基本上，忙的時候真的很忙，讓陸根田印象深刻的是有一回要趕鮮美菇的貨，結果自家工廠所有原料都用完了還不夠，必須去市場上買回更多原料，那時缺的量數以萬計，幾乎把全臺灣的鮮美菇罐頭都買光了。後來遭逢到疫情，那是二〇〇三年死亡率極高的SARS風暴來襲，幾乎影響了民生百業，此時也順勢停止跟7-11的合作。

雖然和7-11合作的利潤不高，但是陸根田還是很感恩，經由與統一這樣的大企業合作，蘭揚有了全新的生產體驗，那時每次有新的產品問市，陸根田跟團隊們都要在有限時間內做好研發，通宵不眠是常有的事。那個過程中，為了調製出7-11指定的口味，大家不斷嘗試，差別都是用天平秤，微量幾克幾克的抓量，計算不同成分的百分比。過程真的很辛苦，但這也是蘭揚食品成長學習的寶貴經驗。

自從那次經驗後，陸根田也確認了未來營運模式，還是專注在自有品牌的研發和國內外銷售，鮮食代工領域這部分，就承讓給其他公司去經營，畢竟術業有專攻，蘭揚食品追求的，就是把自己的品牌做到最好。

品牌的經營之路

可以說蘭揚食品能夠走向如今的大企業之路，關鍵就在不斷轉型，而轉型很重要的一步就是市場定位，為了提升市場辨識度，品牌化是必須要走的路。

如今我們去逛迪化街或者臺灣各地的南北貨市場，如果沒有品牌化，就難以建立購買者的忠誠度，也無法養成長期消費的習慣。因為放眼望去，所有的店家賣的都是一樣的產品，萬一產品出問題了，消費者往往也難以證明當初是跟哪家購買的，所以要開始走上品牌之路。

蘭揚的五大品牌

蘭揚食品發展史上的第一個品牌，是一九九三年的「海師傅 SeaMaster」，當年定位很明確，就是專供水產類及日式精緻小菜的調理食品。以英文 SeaMaster 來看，更是市場定位清楚，反正跟水產或日式小菜有關的，都找蘭揚，當時就以「海師傅」主打市場，並陸續建立了相關的生產線。

到了二〇〇三年，蘭揚的第二個品牌問世了，以「花錦季 HanaMatsuri」命名，主打日式輕食沙拉，讓產品運用更加多元化。二〇〇七年則是以樂活蔬食為概念，催生第三個品牌「蘭田 LandTen」，此時的蘭揚食品已開始慢慢轉型研發蔬食類產品。

直到二〇二〇年因應新冠疫情肆虐，迫使大環境改變，影響了大眾的消費模式，蘭揚因此發展出第四個品牌「Go Market」，此蔬食調理產品的包裝與以往截然不同，因應現代人講求方便、即時料理的訴求，主打小包裝可簡單加熱、開袋即食的概念。目前蘭田蔬食產品已推廣到全球各地市場。

而在二〇二一年，因應進駐超商及各大實體通路，以活潑簡約的微波盒包裝設計，主打輕食、健康、方便的概念，命名則以結合現代年輕人的用語為發想，蘭揚創立第五個品牌「歐米市集 Oumi Bazaar」。同年，為服務廣大的消費者，建立自有購物平臺「蘭揚食品蔬食鋪與鮮食鋪」，提供更多元化的通路選擇。

二〇二三年整合 Go Markat 小包裝的概念，催生全新的蔬食品牌「Land Ten Veggie 蘭田蔬食」，推廣至全球各地市場。

品牌設計得獎

不論是水產或蔬食，所謂的品牌化不光是單純取個名字，讓消費者可以指名購買就好，蘭揚目前旗下的五個品牌，都是經過專業人員的企畫討論，從市場區隔、產品命名登記、還有整體的CI設計都非常用心。包括Logo設計也不是請自家美工閉門造車，而是和國際設計師合作誕生出來的。

以公司整體規畫為例，二〇〇二年當時，公司政策已經確認要發展國際市場，因此品牌的推出不僅在臺灣銷售，也要建立國際辨識度，還有執行海外行銷。當時特別跨海邀請了香港知名的品牌設計師陳永基，不僅僅設計新品牌的Logo，還重新審視蘭揚食品所有的品牌設計，後來包括蘭揚食品的標準字體，以及海師傅、花錦季還有蘭田的字體，都是出自陳永基的設計。

當年臺灣正準備加入WHO，民間業者普遍擔心會衝擊國內市場，於是行政院農委會及外貿協會，紛紛提出了鼓勵外銷的措施，並且有相關的補助。例如當時針對企業轉型有補助設計CI的專案經費，獲選者一家可以補助一百萬元，這對企業來說非常實用。那年蘭揚食品的Logo及CI設計都有去參選，活動前陸根田就對自己很有信心，因為他全程參與研發及設計，過程中大家都很用心，甚至公司經歷過大改造，把所有品牌形象都重新設計規畫。當年農委會總共挑選四家企業，果然蘭揚食品就獲選了，被列為設計楷模，並上臺座談接受表揚。

陸根田肯定自家的設計水準，入選勢在必得，由於這是第一屆活動，所以很多廠商都抱持著觀望的態度。等到第一屆頒獎後，看到得獎者得到了百萬元補助，因此第二年起參加的企業爆量，可見政府推動「農裝豔抹」活動非常成功。無論如何，當時所做的整體形象設計以及品牌規畫，引領著蘭揚食品從二十世紀邁入二十一世紀。

海師傅在市場上已是深入民間的品牌，對餐飲業者來說，這也是伴隨成長記憶的品牌。當時就已經聚焦在水產食品上，從一開始就確認不做禽畜類食品，不論雞、豬、牛都不做。只有和統一食品合作的代工期間，為了配合 7-11 的要求，才有一些比較不同於常態海師傅品項的生產。

蘭揚之所以不碰禽畜類，除了供應不穩定外，也因為實務上的考量。禽畜類食品常會有突發狀況，例如禽流感以及恐牛症等等，豬隻也可能有染上口蹄疫的風險，相對來說，水產類食品就不太會有這類的問題。

海師傅老資格的品項是海蜇類及干貝類，其他大項就是沙拉類、章魚類、鮮蛤類、魚卵類還有螺肉類等等，這些食材在餐廳裡，常被應用在製作高級料理的佐菜之中。此外，海師傅的魚卵在業界也很有口碑，其中以飛魚子以及柳葉魚卵為大宗。至於螺肉，最大宗的客戶就是壽司連鎖餐廳。這些都是從過往到現今二、三十年歷久不衰的長銷品，不論是餐廳或家庭採買，在市場上都有很高的接受度。

至於蘭揚為何後來逐步轉向以蔬食類為主力，這背後也是有時代變遷的考量。

從水產轉為蔬食契機

以現實環境考量，水產的原料供應越來越少，對一般民眾來說，也許平常透過媒體才知道這方面的訊息，然而對陸根田來說，他則是始終站在第一線，哪個品項供貨越來越少、採買越來越難，他都是非常清楚的。

如今水產食品的供貨量，真的跟二十年前不可同日而語，海洋因被汙染而影響各魚族的生存，或者因應各國環境保育法規，從事海洋漁業的人也轉型了，近年水產原料購買以及海鮮進口都不太容易，甚至陸根田從事這行超過三十年，直到二〇二〇年第一次碰到海蜇皮竟然發生原產地缺貨，連想進口也買不到貨的窘境。

其他像是魚卵的供應也不穩定，不僅臺灣本地的飛魚卵已經很少，現在連國外的柳葉魚卵產量也大幅降低了。還有曾經是蘭揚主力之一的干貝唇，同樣面臨產量大減的情形，以前每年動輒十幾、二十個貨櫃，現在一年可能只有幾個貨櫃。

簡單來說，陸根田對水產類大致的分析，從海洋這個大自然誕生獲取的漁貨變少了，但如果是透過養殖產業，則還是持續有穩定的供貨。例如目前海帶、裙帶菜、吳郭魚、虱目魚、鱸魚及石斑魚等，就是來自人工養殖，這些漁貨都還可以穩定的供貨。

其他水產也有廠商試著進行養殖，但是很少能成功的，例如烏魚子供貨商也可以透過養殖技術，然而養殖過程的變數太多了，動輒氣溫驟變魚苗死亡，最後造成血本無歸。還有魷魚的養殖也不易，以前甚至有人養海蜇，但現在數量也漸漸少了。

蔬食漸漸成為銷售主流

再加上以往消費者習慣在餐廳享用大魚大肉，而現行的消費模式改變，大家開始崇尚健康飲食吃蔬食或有機食品，並將會成為未來趨勢。蘭揚食品從二〇一九年開始研發現代版蔬食產品，與傳統油膩、重口味的素食做為區別，如全素、五辛素、蛋奶素等符合現代年輕族群的口味。

蔬食已經是所有營養大師或者生活專家們極力推薦，不論女性愛美或銀髮族所追求的飲食方式之一，相對而言，蔬食市場越來越大。因應這樣的趨勢，蘭揚食品旗下的五大品牌產品線，雖然目前還是以水產及蔬食類分庭抗禮，但在可見的未來，蔬食所占的比例將會越來越高。

時序來到二〇二四年，在蘭揚食品總體營業額的利潤分配中，蔬食類品項的貢獻度已經達到七成，其中海帶絲這一項的產量最大，而海帶絲當然也是屬於蔬食的一種。而分析未來發展走向，蔬食類的趨勢越來越明顯，未來水產類就可能會變成整體調理食品類的小眾。為了配合這樣的發展，蘭揚在宜蘭的三個工廠產品線也都已做了調整。

其實一直以來，陸根田及蘭揚行銷團隊就很關注流行趨勢，在網路時代出生的年輕一代，越來越習慣凡事都透過上網解決，有時候連在附近公園散步都不想，也不時興闔家去逛超市或量販店，更別說是踏足傳統市場了。許多宅宅們運動量少，卻又想要追求健康，那就只能從飲食著手，低卡路里的蔬食就是符合這樣的健康需求。

蘭揚行銷團隊曾經模擬年輕人的一日作息，例如年輕的少婦不再像從前的家庭主婦那樣早起做羹湯，而是一醒來就梳妝打扮得美美的，也順便幫家裡的小公主、小王子打理乾淨美麗，至於早餐，可能前一天或剛起床時就已經線上訂購，還沒出門上班，就已經有外送員將熱騰騰的早餐送到府上。

如何吃得有效率，最困難的部分就交由蘭揚來處理，在製作階段就已經把該有的營養放入，並且控制好卡路里數，份量調整到給每個人吃剛剛好，而在網路上把所有資訊都標示清楚，營養成分一目了然，訂購流程方便清楚。為了因應這樣的發展，蘭揚的食品包裝也開始有了調整。例如過往以餐廳為主力族群，是以批發價銷售，包裝是一包一公斤，可能一個批量是五百公斤；如今針對家庭的部分，每包的份量改以一百克、兩百克計算，打開一包就剛好是一餐的量。

以二〇二二年的數據來看，家庭用的調理包成長速度是雙倍數的，其他市場則是持平，包含一般餐廳以及各種日式料理店，都還是穩紮穩打經營。

相較來說，傳統市場這一塊的營收萎縮了，對應的是量販店及網路交易量提升，這些也都反映現代人上網購物增加，取代去傳統市場，但還是有家庭習慣假日去一趟量販店，一次大量採購。

新的餐飲空間帶來飲食新體驗

一直以來，陸根田都是善於觀察的人，小時候在農村，他透過快速學習，最終不論割稻或其它農務，動作都可以比其他人快；二十七歲創業時，也是因為擅於觀察市場，能夠自己開創出一條路，最終成為這個行業的佼佼者。

從三十多歲開始每年常態出國，陸根田更是把視野放眼到全世界，這也影響他日後規畫品牌的產品設計和行銷策略擬定。例如他看到歐美市場不時興殺價，供需雙方只要依約定談妥一個數量價格，然後就正式合作，白紙黑字講誠信。可是東方人就必須玩心理遊戲，還要預留殺價空間，甚至就連壽司專賣店都可能為了殺價，買賣雙方談個幾回合才能成交。若美國跟歐洲比起來，美國還是多少會有價格協商，至於東南亞地區，那不用說，不論價格報得多優惠，對方就是一定要再次議價。

面對一般的 BtoB 市場，價格戰略依然是行銷的重要一環。反倒若是走網路行銷，就沒有什麼殺不殺價的問題，網路上價格公開，不同的價格就是有固定的購買族群，追求便利快速取貨，就會到這個平臺，遊戲規則清楚明白。

品牌策略發展到後來，不只是商品設計及內容改變，由水產類轉型蔬食類為大宗，以及包裝由針對 BtoB 的大包裝轉為 BtoC 的小包裝，連銷售的型態也由過往批發、零售到網路銷售，到後來蘭揚甚至為了投入「健康體驗」，以半對外公開的型態，經營過自己的餐廳，該餐廳就位於臺北民族西路蘭揚總部的一樓。

其實這個地點並非熱鬧的商業圈，初始規畫本來就只是一種「以消費者角度，測試蘭揚研發新產品」而成立，對蘭揚食品來說，開店並不追求什麼高額營利，而是讓公司新研發的產品有個初問世的實驗場域，也許有的人就是喜歡嘗鮮，願意來吃這種尚未商業化推出的特殊產品。

例如GoMarket經典拿坡里紅藜花椰米燉飯（二二〇克／包）就很受歡迎，而說起燉飯，這也正是量販餐廳裡客人們天天排隊品嘗的美食，當初這個產品就是在蘭揚食品總部的一樓餐廳研發完成。另一方面，這個餐廳也可以結合行銷活動，舉辦蔬食聚會等等，讓後續發展可以更多樣化。

餐廳的另一個優點，就是如同陸根田所強調的要「接地氣」，意思就是平常不只是被動接受外來的資訊，好比說某某賣場這個月下多少訂單，從訂單中看出當紅熱銷的是哪樣產品。透過自己經營餐廳，更能第一線感受到用餐客人所感受的，那不只是攸關口味是否美味，也關係著用餐者的體驗。例如當初就是透過餐廳實際的現場烹煮以及供餐，發現上菜時間可能沒法那麼快，因此研發團隊就會開會討論，用什麼方式可以讓餐廳在最短時間內把最新鮮食物送到顧客面前，結論就是蘭揚花了六十幾萬元，買了餐廳專用的蒸烤爐。

蒸烤爐料理方式不僅縮短了烹調時間，還可以保留食材的營養及口感，並讓廚師可以用最短的時間，將美食呈現給顧客。而蘭揚食品把產品推廣到其他餐廳時，很多餐廳也都接受這樣的建議，並派專人實地教學示範。如此一來，在大缺工的環境下，餐廳甚至可以不必聘用專業廚師，只要員工或者工讀生學會如何操作蒸烤爐就好。饕客一般用餐也不是要追求米其林的用餐體驗，而是想要吃得健康衛生美味，跟蘭揚食品合作，就可以符合這樣需求。

為何大家喜歡購買蘭揚的即食調理食品系列呢？一般大客戶都會長期下單，並且對蘭揚有很好的評價。陸根田說，那是因為蘭揚有以下四項優勢：第一、食材年度採購，全年不缺貨；第二、生產品質穩定安心有保證；第三、衛生標準符合國內外法規；第四，天然美味符合潔淨標章，不添加防腐劑。

蘭揚希望能把最好的食材，變成最營養、最美味的產品，並且要做到讓不論是廚師或消費者都能很方便的馬上食用，這就是蘭揚整個產品研發的方向。總之，材料新鮮、品質優良，又能在可口、衛生、快速解凍下就可以上桌，這是蘭揚食品的 Know-how 與信譽保證，且身為即食調理領域的先鋒，蘭揚食品必須永遠走在前面。

提起海外市場與總部的建置，接下來我們來看看，當初蘭揚食品如何拓展海外市場版圖，以及如何在國內外建廠。

蘭陽之光三部曲

繁衍

終於成就不只是蘭陽之光
也是臺灣之光
從這一方美麗的寶島
將美味拓展到世界各地

2011 年全球海產品展，時任歐盟大使林永樂（中）
與公會總幹事徐著英（右二）合影

2015 年歐盟 EU 官員到宜蘭廠稽核

2017 年美國 FDA 官員到宜蘭廠稽核與張正明教授（下左一）合影

2018 年北美海產品展與時任駐波士頓處長賴銘琪（左二）
與公會祕書長吳姿蓉（右二）合影

2023 年日本 NHK 媒體於宜蘭工廠採訪

三廠接待大廳

2020 年蘭揚食品三廠 - 獨立蔬食廠房

臺北民族西路總部

2012 年蘇州昆山蘭揚食品廠

國際化篇

當企業經營到一個境界，營業額、獲利還有市場占有率等等，只是做為企業的一種參考指標。企業第一要務自然還是生存，但是發展到一個境界，一切商業數字背後都有專業團隊監督操持著，身為領導人，心中則是有更高的格局。當陸根田逐步在調理包食品市場站穩腳步後，他開始朝向國際化邁進。為此，他一方面加入水產公會，一方面也勤快地參與各項的國際交流。

陸根田對於蘭揚發展有著滿心的期許，他希望蘭揚這個名字走出臺灣，走向世界，讓歐美亞各國的人都認識臺灣有個蘭陽平原，這是他美麗的故鄉。此外，他也想要將臺灣的本土味傳遞到世界各地，讓人們知道臺灣對世界的貢獻，不是只有新竹科學園區的晶圓或是電子零件代工，原來臺灣的美食也可以變成國際級的餐廳食材，以及成為世界上家家戶戶桌上的美食。

陸根田三十歲時走向世界各地，引進各種水產食材在臺灣銷售，後來也把這些食品銷到全世界，蘭揚的食品外銷起始於二〇〇三年。

那年陸根田從臺灣區冷凍水產工業同業公會（簡稱水產公會）參展團的觀察

會員，成為正式參展會員，此後，美國波士頓的北美海產品展以及歐洲比利時的全球海產展等，都有蘭揚食品的展位。

從臺灣走向世界

若想迎向世界，以食品銷售來說，比起其他貿易商品，陸根田有兩個先天難以克服的挑戰：

第一是時效性的挑戰，食品是用來吃的，除非是特殊加工，否則一定有保存期限，越生鮮的產品越無法保存。例如一般餐廳都主打禁用隔夜餐，今天的食物今天就要賣完，所有餐食保證現做，而不是昨天的剩菜。

蘭揚食品是臺灣調理食品的先驅者之一，怎麼突破這樣的時效限制呢？答案當然是技術，事實上，調理包的發明就是一大解決方案，食材經過調理成為調理包再快速急凍，就可以延長它的有效期限。

第二是飲食習慣性的挑戰，大家都知道，我們可能日常生活中，衣服、包包及3C用品愛買舶來品，看電影、聽音樂也喜歡接收外來文化，但是說到吃這件事，往往大家還是喜歡自家的味道，偶爾去大餐廳吃日韓歐美料理可以，但是若要長期食用海外食品，似乎也是有很大的挑戰。

蘭揚食品的解決方案就是因地制宜，例如同樣是蔬食調理食品，銷美國的跟銷歐洲的口味與內容就不太一樣，而同樣是歐洲，銷德國的跟銷義大利的也不一樣。

無論如何，走向世界不容易，但是這條路還是要走。

加入水產公會以及認識海外市場

陸根田從三十歲左右就開始為了尋找優良水產，去到許多國家找貨源。當時身為大稻埕重要的食材供應商之一，當然必須深入勤跑陌生的國度，重點在讓他有東西可以在熟悉的國內市場銷售。

但是當蘭揚事業拓展到相當的規模後，情況就倒轉過來了，陸根田在臺灣已經扎根，不僅掌握了常態穩定的貨源，並且他也自己設立工廠，成為重要的食材供貨商。而現在，他要反過來將商品賣向全世界。

他非常懂食材，但面對的是不熟悉的市場。如同一般貿易商會採取的最有效率方法之一，那就是參展，讓自己的產品被國外看見。而參展的前提，自己要隸屬於一個產業，打團體戰比較有效率，可以資源共享，並以整體形象對外。陸根田在二〇〇〇年以蘭揚食品的身分加入水產公會，一開始並不是為了外銷目的，而是因為同樣產業的人本來就應該彼此熟識，於情於法，自然也須入會。

正式透過公會與世界接軌則在二〇〇二年，那時參加公會參展場合，陸根田是以見習觀摩的心態，把自己當實習生，主要是到海外去看看。畢竟當時國內市場都還在積極拓展中，談海外市場還太早。但是陸根田抱著學習的心態用心吸收，也就是在那段時期，他學習到日本的調理包作法，並看到不同國家各自對食材料理的處理包裝方式，真的學到很多。

對陸根田來說，跟著公會參展就好比跟團旅行的概念，只要專注在自己的主力商務考察就好，那些展位申請、裝潢等庶務性工作，包括食宿、交通等，都有公會、旅行社幫你安排好好的。況且英文始終不是陸根田的強項，與其自己一個人提著皮箱去陌生城市空轉，不如和團隊一起，也好有個照應。所以說，蘭揚產品的外銷，公會幫了許多的忙。

剛開始他只參團觀展，其實也不算參展，因為他並沒有設立自己的攤位，也沒有特別預設立場，這趟出國要談到什麼生意，真的是純觀摩學習而已。即便如此，陸根田卻也不是抱著遊山玩水的心境，他比誰都要認真，甚至還受到公會徐著英總幹事的公開稱讚，說他是最認真願意學習的人，參展的時候都用心地去逛展，並且逐一認識不同國家的展品及趨勢。

就這樣，純參觀直到第三年，陸根田才正式報名展位，不過主力還是在觀摩學習，實務上，那一年參展也沒有帶給公司什麼生意，畢竟當時蘭揚本身可以對外銷售的商品也不算多。

真正開始在外銷上比較有成績，是在海外參展的第四年，那年汐止地區發生了嚴重的水災，有個同行的工廠慘遭水淹，無法即時提供客戶所需要的產品，其代理商就來找陸根田幫忙，蘭揚食品也就順勢研發其他類似的產品，並且藉此拓展至歐美市場。

提起研發，陸根田非常感謝之前和 7-11 超商合作的經驗，因為超商丟來的新品課題，經常刺激了蘭揚不斷進行研發，到後來，怎樣的食材要求都難不倒陸根田。這也奠定了他日後不論是針對哪個國家的客戶提出來的特殊需求，都可以客製化研發出符合在地口味的產品。

就這樣，蘭揚食品憑藉著堅強的實力，逐漸起步由臺灣走向世界。

臺灣代表團的誠信專業形象

為了拓展海外市場，公會的使命之一，就是協助成員到世界各地曝光，所以陸根田也跟著公會的腳步，每年都出國好幾次。展覽有分常態性的大型展覽，以及依情況隨機參加的地區性展覽。

其中兩個必定參加的大展，一個是美國波士頓的北美海產品展，一個是在歐洲比利時布魯塞爾的全球海產品展（從二〇二一年起，改在西班牙巴塞隆納舉行），這是全世界兩個最大的水產展覽，蘭揚食品都不會錯過，實際上也藉此機會不斷認識新的廠商，建立起長遠的合作關係。此外，包括日本、澳洲、中國、香港、杜拜、新加坡等國家，甚至遠到靠近北極圈的加拿大、莫斯科，偶而也會去參展，但主力還是歐美市場。

陸根田非常感謝公會帶給他的幫助，不只提供了和海外連結的機制，也包括認識許多來自當地商務代表處的官員，乃至於外交大使館等人。幾次的參展下來，陸根田都得以認識當地的重要廠商，並逐步建立合作關係。整個來說，這不僅僅是商業交流，也是一種國民外交。做生意也不是一蹴而成，實際上，其過程要付出很多心力，並且最重要的要秉持誠信，否則一旦失信，不只損失客源，嚴重一點還會影響到整個臺灣的形象。

就以蘭揚來說，即便在臺灣本地已經做出了相當的成績，後來也藉由海外參展，慢慢建立比較多的貿易管道。參展是一個很重要的商業曝光以及客戶聯誼機會，每到展覽當地，都會有臺灣外交官員以及海外華僑等宴請餐會，往往同席間也會有攸關未來生意發展的重要廠商，參展會員要懂得把握這樣難得的機會。

以臺灣的參展團來說，很重視團結，不論有沒有做到生意，都要展現海外參展的誠意，最忌諱明明展位布置了，卻呈現空攤的情況。總之，出來參展不只代表自己公司拓展商機，也是國家形象的延伸，每每在展覽前，公會領隊總會就三令五申這件事。

事實上，就因為臺灣團紀律嚴明，也跟當地使館有良好的互動，每次外交商務官員也會盡力幫臺灣團引薦商機。至展位拍照時，就看得出臺灣參展的陣容壯盛，以及和廠商交流賓主盡歡的場景，這是很加分的印象。

也因為臺灣團的表現傑出，甚至對在地廠商來說，每年等待臺灣團參展，已經變成一種期待，乃至於有在地僑民在展覽時期過來攤位加油打氣，陸根田覺得參加這樣的展覽，是一種代表臺灣水產公會一員的驕傲。無論如何，整體形象形塑很重要，臺灣團帶給當地人的感覺就是來自臺灣的產品也是值得信任的，這對蘭揚食品打通外銷通路，當然有很大的助益。

至於歐美國家，也有他們的食品法規標準，必須通過美國 HACCP 驗證及歐洲 EU 驗證，他們不僅重視整個工業製程，也設定明確的檢核標準，所以若要做歐美國家的生意，通過這些基本標準是基礎條件。不僅如此，歐洲稽核官員更是大陣仗，為了做歐洲生意，就必須配合他們的規定。他們會事先通知工廠必須準備的必要文件，當天一大早八點前就到，往往檢查到第二天黃昏時候才結束。這樣的訪廠檢查，蘭揚工廠遇過一次，大致上就是兩天，美國官員來臺灣工廠檢查的次數更多，也來蘭揚工廠稽核過三次，每回大概一天半。

正因為是代表著臺灣通過國際稽核，因此蘭揚食品已經算是被國際認可，世界級的優良食品供應商，乃至於臺灣的食安相關單位，若是要培訓新進職員或者做食安講習，經常會指定想來參觀蘭揚食品的工廠。這對蘭揚食品來說是一種榮耀，但也必須說是一種愛的負擔，不論如何，蘭揚食品做為國際優良廠商的一員，也都會盡量配合。

擔任公會理事長

藉由參加公會拓展國際市場，陸根田很感謝公會帶給蘭揚食品的協助與肯定，他本身除了長年參與會務，後來也獲選擔任水產公會的理事長。陸根田最早只是公會會員，連參展時都還是觀展的身分，沒有報名自己的展位。但是他的認真態度，甚至啟發了其他會員的跟進學習，因此在公會裡，陸根田既肯學習又熱心，很早就獲得大家的愛戴。之後被邀請參加理監事提名，一次就票選通過當選為理事。

在理監事任內服務了許多年後，隨著公會內需要老幹新枝世代傳承，陸根田又被提拔為常務理事，成為會務運作的重要推手。也因此又過了幾年，當原本的蔡理事長準備卸任了，要傳承的下一任理事長，就覺得陸根田是適當人選可以推薦。那年是二〇一七年，陸根田就任第十三屆理事長。

在原本常務理監事團隊中，陸根田就是一個年紀比較輕，也很願意學習接地氣的人，並且在公會裡有優秀幹練的吳姿蓉祕書長，能襄助陸根田大力拓展會務。接任理事長的陸根田，除了執行理監事會議等例行工作外，他是有理想、有抱負、心中有著清楚藍圖的，他帶領公會參加內政部評鑑，還獲得多次優等的殊榮。

在陸根田甫就任的那一年，他就解決了一件困擾公會多年的大事。公會多年來並沒有一個較大的總部根據地，僅使用一個三十坪左右格局的辦公室。陸根田上任不久，就以他的遠見以及吳祕書長的宏觀策略，在高雄美麗島捷運站附近，看中一個很適合的場地做為新會所，並且很快就簽約下訂金購買，因為地點很好，怕被別人捷足先登。後來公會理監事會議也一致追認同意這件事，終於讓公會有了一個超過百坪、夠份量的總部場地。往後就可以在會所舉辦理監事聯席會議，不用再舟車勞頓租借外面的場地。而事實證明，陸根田的投資眼光之準，該地段後來也快速增值，讓公會擁有更保值的資產。

也因為陸根田在公會的表現傑出，十三屆任期結束後，二〇二〇年又高票獲選連任。當時大環境是全球新冠疫情爆發，各產業面臨到嚴苛的考驗，也正是因為這樣嚴峻的時局，水產公會全體會員變得更加團結，由陸根田理事長帶領大家度過疫情產業蕭條的危機。

其實理事長是服務性的職位，屬無給職，不但不能替個人帶來收入，身為蘭揚食品的領導人，陸根田卻必須拋下自己繁重的事務，花很多時間去執行服務眾人的事。

其中帶領會員持續和國際接軌，拓展海外市場，這原本就是基本重要的任務，除此之外，水產業做為臺灣一個動見觀瞻、有著舉足輕重的產業，也總是必須和國家政策相結合。陸根田因此經常參加行政院或其他地方相關官方單位的會議。舉例來說，當兩岸交流出現阻隔時，連帶會影響到漁產外銷，漁業署就會找來水產公會一起開會，主題就是要請水產公會這邊，看看可以怎樣協助臺灣漁業？也許是透過水產加工的採購，或者如何拓展海外更多的銷售通路。像石斑魚、鱸魚等魚價大跌時，水產公會成員就可以配合政策，大量採購加工。

當然，如果因此帶來成本負擔（畢竟這樣的採購，會增加水產加工業者成本），政府就要提出相關補貼措施，而公會即是擔任產業代表，跟政府洽商這方面的事項。

印象中最常補助的一個品項是臺灣鯛，也就是俗稱的吳郭魚。由於臺灣很多人在養殖臺灣鯛，但也因為氣候或市場的種種變數，經常發生產銷失衡，水產公會這邊就會來做溝通協調。可能買進過剩的魚來做成魚片、魚料理加工，再銷到歐美等國外去，公會就常參與甚至主責這類協調事務。以這樣的角度來說，陸根田純粹就是為國為民，因為他並不經營類似的產品，此舉不會帶給蘭揚食品任何的商業利益。

優秀的公會領導人

那時剛好蘭揚食品的事業已經上了軌道，國內外業務平穩，員工也都齊心協力，所以讓陸根田比較能安排時間去跑公會的事務。隨著國內外的各種政商情勢多變，加上全球新冠肺炎來攪局，疫情期間，陸根田這個理事長也比從前更加忙碌。

當疫情來臨，百業慘淡，不只臺灣慘，世界各國都慘。但外銷還是要做，農、漁民都要生存，經常開會的規模越來越大，官方代表不只是漁業署，連經濟部官員都要出席。而在民間方面，不只是水產公會，而是連全國總工會代表都要到場，宛如在召開攸關臺灣未來命運的高峰會。

陸根田沒有高學歷，本身最熟悉的主要是企業經營，並不擅長經濟政策這類的國家事務，好在他的夥伴，也就是吳姿蓉祕書長，之前在經濟部標準檢驗局服務過，很熟悉政府作業流程，陸根田每回開會，總是帶著吳祕書長一起出席。不只是政府會議，也包括和其他公協會等洽談，畢竟一個產業的成就，不是自己就能成事，而是公會每一個成員及理監事團隊無私的付出。

而水產公會本身也不斷在調整，早年時候只侷限在從事冷凍水產加工相關產業加入，現在已經拓展到所有與水產品有關的產業，包括跟這個產業上、中、下游有關的周邊團體都可以入會，諸如水產貿易商、冷凍業、食品機具業甚至水產品檢驗單位，也都可入會成為贊助會員，到了二〇二三年，公會整體會員已快達到兩百個。

至於帶團出國參訪，更是每年的必要工作，只是現在要參加的範圍更廣，不只是水產展，水產公會也會參加各類的綜合食品展，因為他們銜命要協助臺灣的漁產外銷。關於這個部分，陸根田甚至覺得水產公會已經不只是公會而已，而比較像是一個臺灣經濟振興的單位，不但要協助振興臺灣漁業經濟，也要協助會員拓展外銷。好比缺少檢驗證明文件等等，公會這邊就會輔導廠商，要怎樣做到合格順利外銷。

水產公會原本的名稱是臺灣區冷凍水產工業同業公會，二〇一八年改名為臺灣水產工業同業公會，讓公會可以包含及服務的會員群更廣。在陸根田的帶領下，這幾年都得到內政部評選為績優公會，而陸根田也得到了優良理監事獎，二〇二一年於工業節時接受表揚。

回歸到蘭揚食品的發展，除了往歐美國家拓展市場外，還有一個就近的市場，擁有超過十億人口，自然不能錯過，那就是中國大陸市場。

拓展中國市場不容易

蘭揚食品在中國的據點為江蘇昆山，這是很合理的，因為雖然有心想拓展全中國市場，但至少在昆山這樣的臺商集聚城市，和臺商在一起，就有銷售的基本盤，而一般臺商也都很喜歡可以在中國吃到來自寶島的美食。

蘭揚的食品廠，本身就處在一個食品園區內，周邊都是食品相關產業，而且其中有幾家還是上市公司。那裡的廠房有兩面臨道路的三角窗，是陸根田親自去挑選買下的，共有三十畝地之多，以坪數來算大約有六千坪，整個看來挺寬廣的。其中做為生產的主力廠房，就占了三分之二的面積，至於辦公區則是跟生產作業區劃分開來。遠遠看去，這個廠房辦公區高三層，廠房高兩層，這裡相對於臺灣廠房是比較後來興建的，一切的設備也都採用最先進的，光是作業區和冷凍庫投資的金錢，都足夠蓋一座新的廠房了。

當初陸根田的確抱著很大的願景，希望將蘭揚食品銷售到中國大江南北，但是後來他比較失望的是，在拓展時碰到了很多的瓶頸。陸根田當然懂得做生意的道理，也知道去到任何國家、任何地方做生意，都必須順應當地民情，但即便如此，他依然有其做為生意人的基本底線。

陸根田做事業的基本原則之一，就是做人做事要誠信，不論在哪個國家，他都不認同收回扣這類的事，因為這攸關客戶與蘭揚公司的營運成本與品質的把關。

他相信正正當當的做生意，一定能得到認可，也的確，蘭揚食品在中國還是可以找到活路，但實務上就是進度會比較緩慢。

最終在二〇二三年初，因應疫情因素及全球化布局的新策略，陸根田心中也有其他擘畫的藍圖，秉持著資源效率化的管理，他後來決定把主力聚焦在原有的國際外銷拓展，至於中國市場的業務，就暫時不列入優先進程。無論如何，時代在變，公司管理的方式也都要懂得因地、因時、因事制宜，如此才能因應國際化多元的挑戰。

持續成長篇

一九八四年創業，公司正式以蘭揚為名。
一九八七年結婚，夫妻共同打拚事業。
一九八八年建立以環河北路為總部。
一九八九年擴大事業經營。
一九九〇年大兒子誕生。
一九九三年海師傅品牌誕生，公司導入電腦系統管理以及進銷存系統管理。
一九九七年正式在宜蘭設廠。
二〇〇三年開始參加各國食品展，至今出口遍及三十幾個國家。
二〇〇五年二兒子誕生。

這是陸根田成家立業的歷程，可以說到了二〇〇五年，蘭揚已經站穩根基，在那之前，不論是海內外產品銷售或者在宜蘭建廠，陸根田總覺得或多或少有些財務壓力，一邊努力經營事業，一邊投資拓展，經常要煩惱的資金調度問題。直到二兒子出生那年，陸根田覺得壓力最大的創業草創期已經突破，蘭揚食品也進展到了一個新境界。

事業追求更精進

二〇〇四、二〇〇五年這兩年間，陸根田的確感受到了人生來到一個新的境界，如果說在那前面二十年的日子算是創業奠基期，那麼接下來就進入穩定中求發展時期。同時也讓自己除了食品事業外，擴展更多領域，對人類做更多的貢獻，包含在公會裡擔任重要職務，以及在慈濟志業付出與社會、學校公益活動等等。

創業的確辛苦，這也可以從陸家兩個小孩之間竟然隔了十五年可以看出。在老大成長期間，看著公司從比較傳統的企業經營，逐步打造品牌化、系統化以及國際化，乃至海內外建廠投資。到了二兒子出生，他成長時代就是看著父親怎樣在這個產業創造影響力，那時候公司的經營不是要求存活，而是如何好還要更好。

系統化以及拓廠

二兒子的成長年代，網路及3C應用已經像是吃飯喝水一樣自然，但蘭揚當初電腦化的過程則是步步為營，邊摸索邊學習。

二〇〇六年，蘭揚正式導入ERP系統，在那之前，主要靠著陸根田帶領團隊勤奮打拚，才打下現有的基礎。現在則是試著要讓經營管理更有效率，透過新的電腦系統，當主管把產品成本、銷售成本都輸入電腦後，就可以跳脫單純靠經驗做生意的方法，而是能具體分析哪項商品、哪個地區最有獲利空間，哪個產品或哪個區域呈現市場萎縮？

這樣的改變，讓公司發展進入到另一個層次，代價就是必須投入相當的成本，這也就是為何必須等到二〇〇六年公司更穩定後，才會導入系統的原因。在那之前，如同陸根田自己回想過往時也不禁會說，創業歷程中戰戰兢兢，一個不小心就跌倒或支票軋不過來，蘭揚後來會怎樣還不可知。

導入 ERP 系統的好處是顯而易見的，在事業草創期各種成本計算以及利潤規畫，靠著陸根田的經驗以及何明娥的精算，都還可以應付自如，但是當事業做到營業額千萬甚至上億時，純靠人治就會顯得沒有效率了。好比一個貨櫃進來，不能只看購買單價，還要評估運費、課稅還有倉儲等，這個產業原本利潤就不高了，若是不小心一個計算失誤，可能就反倒會賠錢。

一旦有了系統協助，一切就可以一目了然，只要將各種參數導入，哪裡可以多一點、哪裡可以少一點，對營運分析更加精確。也就是因為這樣的系統化管理，讓公司的營運上了軌道，蘭揚在二〇一〇年，也才能進行第二座工廠的建立。

蘭揚第二廠的創立，也有其時代背景，一方面自然是因為蘭揚食品事業蒸蒸日上，二方面也是當時中國大陸興起，而臺灣已經走過錢淹腳目的時代，後來碰上了金融風暴，投資環境受到重創。總之，臺灣很多廠商都跑去對岸了，其中一個效應就是很多廠商營運的廠房必須處理，並且價格也會比較彈性。二〇一〇年，位在蘭揚第一廠旁邊的公司剛好廠房要做拍賣，可能是因為位在宜蘭，地點比較封閉，工人不好找，因此有意願投標的廠商並不多。

整個廠房拍賣底標只需要三百八十萬元，儘管陸根田覺得他對這個廠房有興趣，但也沒到堅持勢在必得的姿態，因此他僅以稍高於底標的三百八十五萬元投標，結果就讓他標到了。然而陸根田沒想到，他不僅在投標這件事做對的判斷，並且他還得到了一筆意外之財。原來當年因為國際局勢變化詭譎，某個事件導致國際鋼價大漲，陸根田標到的那個廠房，主要建材主體大多是H鋼，光是這部分就讓公司賺了上千萬元，等於買廠房不但不用成本，還算挖到寶庫般得到大進帳。

當時陸根田只標下地上物，不含土地，這部分必須另外向經濟部承租，後來隨著蘭揚的事業繼續蓬勃發展，陸根田便把這塊地整個買了下來。標下廠房主要是需要那個空間以及基地架構，以此為基礎興建第二廠房，主結構是原本的建築，之後蓋了冰庫、倉庫以及作業區。

也因為有了在臺灣蓋了兩座廠房的經驗，陸根田後來去中國設廠也就更得心應手了。陸根田是誠懇扎實做事的人，並不跟人家時興去做什麼投機或投資，但或許是天公疼好人，他每次興建廠房，本著實業需求，卻往往發現附帶著投資增值收益。好比二〇一二年在江蘇昆山買了三十畝地，當時一畝地只需要約十八萬人民幣，十年後已經漲到每畝超過一百五十萬人民幣以上，就算中國內銷事業暫時沒有大的突破，然而光是投資增值，也替蘭揚帶來了一定的報酬。

專業就交給專業

相較於臺灣第二廠的興建，剛好碰到時機，撿了個便宜進場，臺灣第三廠的建置，就真的是基於事業需要了。一方面因為蘭揚持續拓展銷售版圖，二方面則是因應市場區隔以及產品改變定位，簡單來說，第三廠的建立是因應地球暖化及飲食趨勢的改變，蘭揚逕而極力推展蔬食理念，並呼應為保護環境、愛護地球盡一份心力，定位為生產蔬食產品的專用工廠。

蘭揚的臺灣第三廠是在二〇一九年興建的，隔兩年就已經投入生產。原本第一廠就已經投入蔬食，但因供應量無法負荷才興建第三廠，這也見證了蘭揚目前的主力已經轉移到蔬食。以二〇二一年的銷售情況來看，蔬食料理的營業額貢獻度已經來到七成。其中很多暢銷品項，如海帶絲等，光是一年就可以銷售千噸以上。

位在宜蘭利澤工業區的這三個蘭揚食品廠房，位置也是連在一起的，這樣管理起來比較方便。最早買的一塊地，也就是一廠，是在廠房區的中間，在其左邊的就是二廠，法拍得來，右邊則是三廠，最新蓋成。也因為三廠集結，要申請認證以及建立背後電路及網路系統較為方便。

二十年前甚至對電腦都還不熟悉的陸根田，如今已經一談論事業，就會引用各項網路數據，包括他跟現代年輕人也會去注意網路流量、趨勢話題這些事。雖然像網路商城建置、產品上架以及社群經營管理這些事，自有年輕一輩的專責員工負責，但是在陸根田腦海中總有清晰的藍圖，這對一個成長於傳統農家，曾經長年赤腳踩在泥巴裡，現在思緒卻經營游移於不同社群，關心各類分析數據的老闆來說，對比起來是很特別的事。

在此，陸根田也想跟閱讀本書的年輕人或後進分享，人在世上不要自我設限，但也不要好高鶩遠。以蘭揚如今在市場占領先地位的即食調理食品來說，其行銷規畫以及口味調整，乃至於包裝設計、通路的文宣……等等，都是經過專業的腦力激盪以及企畫設計，在每個環節都透過 IC 智慧做調整，好比說某個色系若以藍色來展現，會比以黃色展現更吸引人目光；某句 slogan 若改成某個用語，會更吸引年輕人認同……等等，這些都必須結合現代科技。

但也別忘了，所有的科技力都只是輔佐，前提還是要做好基本功。所謂的基本功包括真正對食材的了解，所有調味料都經過親自品嘗以及不斷微調，並且也包含無數的第一線實戰。所有成功都不是來自於僥倖，而是先有踏實的付出，再來結合其他資源。

對陸根田來說，創業的成功，毅力和智慧一樣重要。智慧可以靠讀書以及經驗傳承，但是毅力卻需要從小培養。在家裡，就算是有方便的電腦工具，陸家也都希望孩子學會自己動手做，凡事要經過自己努力嘗試，才能真正內化成為自己的東西，如果沒在年輕時養成一些好的人格特質，可能會終身都變得依賴。承平時期可能還可以靠著專業團隊協助，可是一旦碰到突發狀況時，就會立刻顯露出手忙腳亂，無法完成所要達成的目標。

所以陸根田鼓勵年輕人，不要貪快而好高騖遠，寧願多花點工夫建立基本功，也不要以為反正什麼事都有 AI 為你做得好好的，這是不對的。

當然，陸根田在傳達一個人不要自我設限的同時，也要大家能夠做到了解自己的專長。好比陸根田這個莊稼人出身的企業家，他不會自我設限說自己就是不懂電腦，看不懂網路分析數據，但他也不會強求自己要變成很懂電腦的人，那就太過了。把專業的部分交給專業，他要員工跟他做報告引用電腦術語時，自己能夠聽得懂，這樣就夠了，不需要自己做不專長的事情。

而陸根田也懂得尊重人才，在很多地方承認自己不如人。典型的一件事，蘭揚食品是陸根田創立的，最早的即食調理食品也是他所研發，但他也必須承認，比較起來，夫人何明娥才是調理包的高手，她抓味道很準，特別是蔬食更是她的專長。這點他就要尊重專家，把調理口味研發的重任交由夫人負責。同樣的，在網路社群行銷，建立年輕族群的信任度方面，那些網際網路串流以及建立連結的學問，他承認遠不如自己的長子及同仁厲害，這方面也都交給他們來負責。

不忘照顧家人

隨著蘭揚事業的穩固，如今陸根田回到玉田老家，鄰居都會親切的互相打招呼，大家都還是過著農村日常生活，家裡的田地都依然還在耕種，陸根田有時也會關心稻子生長與收成情況。

陸家有三個女孩以及四個男孩，身為老五的陸根田在經商，而二哥及小弟都在蘭揚服務。其中二哥在二〇二一年退休，回家過著田園生活，在工廠較忙碌時，也會請他回來幫忙，小弟則是至今仍在公司擔負業務重任。而陸根田初創業時期到新竹跑業務，也常住在青草湖畔的二姊家，對兄弟姊妹的幫忙與付出，陸根田內心感到無比感恩。

隨著大家年紀漸長，長者也逐漸凋零。陸根田父親的過世，對陸家來說是個意外，因為原本並沒有想像中嚴重，只因一次去做胃部手術，竟導致其他器官衰竭，沒來得及留下任何遺言，至今大家都還不能接受。陸根田是個很重感情的人，他對農村生活有著終身的懷念，當年如果不是因緣際會，他可能也不會走在創業這條路。

而在陸根田的成長歷程中，影響他很大的三位至親相繼去世，先是祖父於一九七五年三月過世，當時陸根田還在念高中，那是他人生中第一個親人往生，悲傷到難以接受，祖父生前是導引他求學的重要推手；再來是二〇一五年十一月父親的往生，當時蘭揚三廠第一期正在興建中，而在草創一廠興建時，父親常常到現場幫他監督工程；最後是二〇二二年四月母親的去世，三位至親的離開，都帶給陸根田很大的悲痛，也讓他更加體會親人的重要。

記得父親在世的時候，隨著陸根田事業發展越來越大，他對家裡的經濟貢獻也越來越多，成為幫助家人的助力。而不擅長說出「愛」這類字眼的父親，從不誇獎這兒子，畢竟長年以來，真正陪伴在他身旁的，主要還是跟著他一起務農的長子與二子，至於這個三子遠在臺北，也不知道在幹嘛。

可是父親會以其他方式展現他對這孩子的驕傲，例如過年時，父親邊發紅包也邊展露出欣慰的神情，有時候就直接把陸根田給他的整大疊壓歲錢放在口袋，整個露出來。父親在喜慶場合或者需要大筆錢時，從來不直接跟陸根田開口，而總是對他說：「可以幫我換一些新鈔給我嗎？」此時陸根田就知道意思了。

其實陸根田也一直都知道，表面嚴厲總是不苟言笑的父親，對在臺北發展的他一直很擔心，畢竟其他幾個孩子他都可以掌握，長子之前在水利會擔任小組長，二哥除了上班以外也在家裡幫忙，感覺上原本敦厚老實的三子「變壞了」，不知受誘惑，在臺北搞這搞那的什麼生意。

但最終年復一年過去，父親也就漸漸放心了，這孩子好像沒有變壞，而且還很認真的做生意，對他像這樣終身「種田人」的老人來說，孩子給再多的錢也不會改變他的生活方式，他只希望孩子安分守己，不要辱沒了陸家的家風。陸根田後來感受到父親對他放心了，不用再為這孩子操煩了，這樣就好。

當父親過世時，陸根田哭得不能自已，家人也許不明白，這個平常跟父親互動最少的三子，怎麼會有這麼濃厚的感情？而陸根田回憶起來，跟父親的情感就是在平時生活中，一點一滴累積起來的。陸根田生於陸家，這裡有他終身不能割捨的情感，其他兄弟姊妹懂他也好，或者以為他比較有成就，所以對他有所偏頗也好，總之他就是以他的方式為這個家付出，也期盼陸家成員能夠感受到他的愛與付出。

陸根田也坦承，現在他已年過六十，事業有成，家人平安，這一生若說有什麼小小的遺憾，那就是對於他的創業有成，父親都不曾在他面前稱讚過。他認為不論政府官員或企業家或親戚朋友，或是媒體給予他以及蘭揚的讚譽，都永遠比不上如果父親可以說聲：「阿田，你做得不錯喔！」來得更撫慰他的心。

記得那天在父親的喪禮上，他看著父親相框裡純樸的容顏，以及那種帶點傳統長輩傲氣的眼神，在他臉上有許多的淚水。忽然間他了解了，父親其實都懂他的，正如同他的其他家人，也一定以其他形式表達對父親的懷念崇敬一樣。

蘭陽之光四部曲

豐年

回首這一路辛苦走來的足跡，
當年播下的種子已經遍地開花結果，
引領蘭揚走在趨勢尖端，放眼四處肥沃稻田。

2000 年與妻子何明娥受證慈濟委員、陸根田委員慈誠雙受證

參訪花蓮靜思精舍擔任慈濟列車志工

德慈師父頒獎 - 第 12 屆精舍之路十公里越野賽跑獲獎（右二）

於北投關渡園區招募慈誠志工

1999 年 921 地震投入學校重建希望工程（右二）

2015 年蘇迪勒颱風重創烏來 - 協助現場救災

花蓮靜思精舍護法合影（上左三）

靜思精舍護法領隊 - 惟大師兄合影

2022 年 COVID-19 疫情送蔬食漢堡餐盒挺醫護

2024 年關懷鄰里送愛到大龍老人住宅

攻讀淡江大學 EMBA
歲末年聯歡晚會

陸根田一家四口合影

蘭揚食品 40 周年新春感恩餐會全體員工合影

志業篇

時代真的變得不一樣了，當年用雙手拿著鐮刀踩踏泥土地，一步步耕耘；後來有了電腦以及機械化，生活變得更加方便，人們坐著不動，也可以讓工作繼續進行。再後來是人手一機的時代，加上網路普及，許多人連動都懶得動，吃個飯也懶得走出房間，邊玩遊戲邊對著手機螢幕點一點，就等餐點送來。但是人還是要活絡一下自己，要讓自己忙起來，日子才比較有意義，世界才會因此而改變。

陸根田從年輕時候就創業，沒有一天是不充實的，總是敬業的工作，忙碌的身影從臺灣到海外，不僅僅是自己的事業，他還參與公會以及投入志工。年過四十以後，陸根田參與志工的時間比例越來越多，例如他長年投入慈濟志業，也參與過大大小小的服務，在從事志業時，不問出身、不問身分，哪裡有需要幫忙就往哪裡去。

有一回陸根田去花蓮做志工，當時主力是去醫院協助照護工作，還有假日去做居家關懷等等，沒想到還有另一群需要被照顧的人，竟然是青春年少的年輕人，他們是正在服兵役的阿兵哥。那時陸根田他們接到指示，說是軍中需要幫忙，原來是有阿兵哥們心情鬱卒，需要有人前往「安撫」。

幾個有當過兵經歷的前輩們，就受邀去軍營幫不開心的軍人開導，想了解他們到底是怎麼了，是在軍隊中被霸凌，還是想家不開心？問到後來發現都不是，而是現在的年輕人比較不能吃苦。如今當兵已經比陸根田年輕時代輕鬆太多了，從前服兵役二到三年，在軍中吃苦當做吃補，合理的要求是訓練，不合理的要求是磨練。現代人當兵不但時常可以回家休假（陸根田以前在金門服役，可是足足快兩年不能回家啊），還可帶手機進營區，但他們卻受不了苦。

當時幾個資深前輩也只能分享自己從前當兵時的往事，一早起床棉被要摺好，折成豆腐狀，摺不好的，就刻意讓你在中午太陽下蓋著厚棉被懲罰。洗澡也時常很緊張，都是戰鬥澡，根本來不及抹肥皂，隨便沖一沖，身上還濕濕的，就必須上床躺平，即使冬天氣溫低到五、六度，也是洗冷水澡。至於想家，那就在金門乖乖等移防或是梯次假再說吧！平常動不動就全員管制，不然就是緊急集合等等，那些阿兵哥好像在聽神話故事般，聽得目瞪口呆。

這就是時代改變了，不會說以前一定比較好，畢竟軍事科技也在轉變，現在打仗不是靠單兵作戰，而是整體的心志磨練，所謂讓男孩成為有氣魄男人的儀式，人生如果太安逸了，未來就難免會更辛苦。這些聽來都像在講古，所以有時候覺得做比說有用，人生重要的是行動。接著來看看陸根田與慈濟的因緣吧！

投入慈濟志業超過二十年

二〇二二年四月，陸根田的母親往生了，陸家悲傷的處理母親後事，在停柩期間，也感恩精舍常住師父專程從花蓮來到宜蘭老家，為母親頌念佛經祝福。

陸根田跟慈濟的淵源很久，那時蘭揚食品在宜蘭已經設廠，並開始要朝國際化發展，而此時陸根田家中的孩子才念小學，家庭、事業兩頭都要照顧打拚。不過陸根田知道，雖然他現在很忙，但是做好事不能等，不能等一切都安定的時候才來做。從某個角度來說，投入志業會開智慧，也讓事業更加蓬勃，雖然當初投入志業就是無所求，只問付出不問回饋。

最早認識慈濟是創業後不久，透過鄰近迪化街的同行，那位從事南北貨貿易商老闆娘，當時還不是慈濟委員，而是協助收功德款的資深會員，陸根田也秉持著善心付出，但當時只是會員，還不算加入慈濟體系。

陸根田真正正式參與慈濟志工，是跟著大舅子何日生，當時何先生早已加入慈濟，他在出國念書前，結婚時　證嚴上人還親自前來為他們福證，等到何日生從美國學成歸國後，正式邀請陸根田夫婦加入慈濟。於是就比照一般慈濟人的培訓歷程，一切先從加入營隊開始。

正式受證成為慈濟人

陸根田和夫人參加了慈濟靜思生活營，這個營隊參加者主要都是企業界朋友，活動兩天一夜，課程安排是要讓未來準慈濟人們認識慈濟，知道慈濟如何為社會奉獻。那也是陸根田第一次知道慈濟當初五毛錢創立的故事，就算是平凡的家庭主婦，每天去菜市場後，將買菜錢存下五毛錢，一直存一直存，最終也是可以存到救人的錢。

陸根田也認識了慈濟逐漸茁壯後，如何蓋醫院、辦學校……等等，他當時聽了滿心感動，覺得人生在世不是只為了拚命賺錢，難得來到世間，是要利益眾生無所求的付出，因此他迫不及待想加入慈濟志工的行列。但是想當慈濟人，不是簡單填個表格就擁有那樣的身分，而必須在募心募款外，遵守慈濟戒律。培訓時間短則兩年，多則更久的時間，許多人後來因為無法戒除抽菸、喝酒的壞習慣，就一直無法取得受證資格。

還有最重要的是「心」有沒有定。如果心中猶疑不決，顧慮東顧慮西的，那就無法加入委員或慈誠，畢竟做志業是要真的一心奉獻，付出無所求。陸根田夫婦依照規定，一步步做起，在還沒正式成為真正的慈濟人前，有多少能力就投入多少幫助，也就是所謂的隨喜功德。

他們正式加入培訓行列，取得受證基本上需要兩年，一年是見習，如果見習過了，才能進入培訓階段，等到培訓也通過了，才能受證成為委員或慈誠。過程絕非行禮如儀做做樣子，慈濟對想成為志工的人有規定要求，過程不但要信守戒律，也要有一顆助人的心。

其中有基礎的慈濟十戒要遵守，這十戒裡有些基本的要件不能犯，例如不偷盜；有些原則對很多人來說也是基本的關卡，包括戒菸、戒酒、戒檳榔，這都是基本要做到的，許多人連這關都過不了，其他更嚴格的要求，諸如不妄語（不要跟人胡言亂語）、不殺生（也就是要尊重生命），還有不投機取巧（做人要正正當當）等等。許多標準比較嚴謹，並且要終生奉行，老實說，人非聖賢，難以完全做到，但至少應該要做到起碼的標準。

總之，兩年後陸根田通過培訓，他後來不只受證成為慈誠，同時也成為委員。原本一般男眾受證後是成為慈誠，而陸根田同時也參加了委員培訓，因此按規定，可以一起受證委員。那兩年見習及培訓的過程，重點是實踐，陸根田不但要去招募會員（就好像當年他也是在迪化街被同行勸募一樣），還要親身參與各項救苦救難的志工活動。

印象很深刻的，就是九二一大地震那一次。當時陸根田還在接受慈濟志工培訓，九二一地震發生了，陸根田便穿著藍天白雲制服（培訓者無慈濟 logo），跟著加入救濟的行列。那時臺灣中部許多屋倒路塌，好多橋梁也都斷裂了，陸根田親眼看見了災區的慘況。當時災區雖然道路、橋梁柔腸寸斷，但基本上還是有路可以勉強行駛，慈濟長年參與救災，警民都是知道的，因此雖然道路封閉管制，但只要看到穿著藍天白雲制服的慈濟人，警方都會放行救災。

當時他責任區的救難中心設在臺中豐原國中，陸根田身為培訓生，主要參與物資發放的工作。但也看到了許多讓他心生感慨的現象，平日生活無憂無慮的人們，以為日子一切如常，未料世間諸事無常，一旦災難降臨，連家都沒有了，災民就只能睡在克難的帳篷裡。好在當時各界湧來的物資非常足夠，不論吃的、用的、穿的，都算豐沛俱足。

在臺中豐原救災告一段落後，陸根田也開始參加慈濟幾處的街頭勸募工作，最讓他感動的是在臺北北投市場勸募。前面提到，陸根田在迪化街第一次實習業務時，首筆生意是成泰行給的訂單，不可思議的是，在這次勸募行動中又有他們愛的足跡。

記得當時看到一輛車慢慢駛近陸根田面前停下，他仔細一看，竟是迪化街成泰行郭永昌老闆夫婦，老闆娘拿著一疊千元鈔票投進他的功德箱裡，因箱口不大，放了幾次才放進去。這一幕善心，讓陸根田感動地流下淚來，不僅在他業務實習那年下訂單幫他壯膽，又在這次學習街頭勸募中，給了他很大的鼓勵。

九二一大地震那回，也是陸根田見習歷程中很重要的印象，讓他更能苦民所苦，日後真正實踐一個慈濟人的付出。陸根田在二〇〇〇年通過慈誠、委員雙受證，二〇〇一年則圓滿榮董受證。

坊間謠傳要當一個慈誠或委員，需要捐一百萬元以上，實際上並非如此，如同前述，要加入慈濟志業不分身分職業，更不需要捐錢，而是需要經過嚴格的培訓。至於會誤傳要捐錢，那是榮董們往往因為事業繁忙，可能無暇像一般志工那樣付出時間做服務及關懷，於是就以捐獻的形式，所謂出錢做功德，就是這樣的意思。陸根田不僅自己成為榮董，也陸續讓家人受證為榮董，在父母健在時，都讓他們成為慈濟榮董的一份子，也擁有慈濟人的榮耀。

分享培訓慈誠歷程

長年來，陸根田不僅出錢也出力，受證前就已經常投入志工行列，受證後更是不時拋下繁忙的工作，只要哪裡有需要，他就在哪裡出現。慈濟受證後的第一年，陸根田第一次擔任幹部，他那時受徐順進中隊長託付，承擔北九中隊培訓的任務，服務範圍含括北投、石牌、關渡，遠至淡水和八里。當年正是九二一震災次年，那時要招募志工，人們心中對無常最有感的時候，因此有意加入慈濟的民眾非常踴躍。

那時年底舉辦社區歲末祝福活動，讓參加者了解慈濟過往一年來救助的狀況，同時看到世界各地發生那麼多災難，大家心有所感動，最終也一起點蠟燭，為家人、為世界祈福。　上人也透過影片，為在場的男眾女眾祝福，期望來年更平安吉祥。

在那樣的場合，陸根田就擔當招募的任務，以前還沒有關渡園區，都是租借鄰近公園或學校體育館辦活動，後來有了關渡園區，活動就改在關渡園區進行，再之後，大愛電視臺也從南港搬遷到關渡園區來。

總之在當年，有好幾位培訓幹事、師兄跟陸根田在現場招募志工，主力邀請男眾加入慈誠，對象是成年人，包含十八歲以上的青年，也包含六、七十歲的長者。過程中大家會請教他們何謂慈誠，陸根田就一一解釋，擔任慈誠未來可以濟貧，碰到災難也可以到現場盡一分力等等。兩天活動下來，就有超過四百人留下資料，表達有興趣加入。

當然，就在歲末祝福活動後不久，慈濟會邀請這些有留資料的朋友前來。當年手機還不普及，打電話其實不太容易，因為打電話到辦公室怕打擾人家上班，打到家裡對方大部分時間又不在家。不過為了使命必達，仍需一個個打，雖然有不同的培訓幹事負責不同區域分配聯絡，但是陸根田身為中隊幹事，更需了解留下資料的每一個人生活情形，必須一一再確認，所以他在幾天內幾乎打了上千通電話。

答應要來參與見習的朋友有兩百多人，後來有人因為因緣不具足，最終通過見習進入培訓階段的，大約有一百六、七十位。這一百六、七十人再經歷新的一年培訓，當中又有些人不具足，大部分原因就是習氣未改，例如有的人無法戒菸、戒酒，那就無法受證成為慈誠。二〇〇二這一年，受證的慈誠師兄超過一百人，算是北九中隊破紀錄的一年。

當然在培訓中有人退出並不代表放棄，慈濟志工還是會持續追蹤，也總是歡迎他們來參與活動，等來年緣分來到，或許對方心境轉變，那時又是新的體悟，再來加入慈濟行列。陸根田當時的事業非常忙，經常需往海外跑，經歷兩年後，就由其他師兄承擔培訓任務。

行善是本分，付出無所求

慈濟志工是怎樣的任務呢？其實就是一般的尋常百姓，平日各自忙自己的事業，工作之餘或假日會來參與活動，例如到社區做關懷、去醫院做志工，也有人去精舍做護法、到學校參加慈懿會……等等，依每個人的時間分配以及因緣，不強求，一切依因緣行事。

陸根田回想在慈濟服務過程，平心而論，說是他在慈濟當志工幫助人，他反倒覺得慈濟帶給他的幫助更多，並且是無形的回饋。從事事業經營，每天難免有煩惱的事，但每當陸根田參加慈濟活動時，心情就變得平靜許多。畢竟當看到這個世界紛紛擾擾，有那麼多人需要援助，就會想想自己只擔心自身事情，格局就太小了。

在慈濟志業上，陸根田的師姊，也就是夫人何明娥，有更多的參與體悟，陸根田也覺得自嘆弗如，應該要跟師姊多多學習。師姊與慈濟結緣很深，付出更多時間在慈濟志業，包括推廣素食和種種的義賣，師姊都會帶領一群志工參與，然而蘭揚食品依然不缺席。

二〇二二年參與花蓮靜思堂「Young 善公益蔬食市集」送愛到全球，以及關渡人文藝術週。二〇二三年響應四二二世界地球日推廣蔬食為宗旨，在松山車站廣場連續兩天義賣，這些活動義賣的所得全部捐出，也是所謂的裸捐，包括所有食材以及人工乃至於時間成本，統統都不計算。總之當天帶去的食材全部用完，全部售出所得也全部捐出，其中更要感恩一起參與付出的師兄、師姊們。

素食義賣越來越受歡迎，包括素漢堡、猴頭菇排、墨西哥捲餅、楊枝甘露……等等，不僅銷售一空，後續還很多人要續訂，年年如此，但也只能對向隅者說下次再來。

二〇一五年，因為社會上有部分人士對慈濟有點誤解，陸根田跟其他志工一樣，在困頓時候全力守護。當時因為這個誤解，部分企業都停止贊助廣告，在這樣艱苦時候，蘭揚食品二話不說，連續成為慈濟大愛臺的義助廣告商。雖然說是廣告，但大愛電視臺其實沒有商業廣告，所以就是捐助的意思。會拍些宣導短片，但內容不是推廣蘭揚食品，而是鼓勵大家愛地球、節能減碳等公益廣告。

陸根田以實際行動護臺，直到後來感受到社會找回正義，慈濟終獲人心肯定，一些大企業集團回來了，陸根田覺得自己也算功成身退，因為蘭揚食品只是中小企業，應讓更有財力的大企業來共襄盛舉。但陸根田談這些不是為了標榜自己付出多少，他只是記錄這段艱辛的歷程，自己只是盡本分事來做。更重要的是，成為慈濟人後，內心那種平靜安詳，那是任何金錢也買不到的珍貴感受。

新店慈濟醫院第一刀

關於慈濟與陸根田的連結，有一件事是被記錄在慈濟發展歷史上，被稱為臺北慈濟醫院第一刀。

慈濟醫院新店分院，現在正式名稱為臺北慈濟醫院，創立於二〇〇五年八月。身為慈濟慈誠、委員，欣逢新醫院創立這樣的大事，需要志工們參與支援，陸根田自然也參與這樣的活動。

在臺北慈濟醫院正式開幕前，就有一些揭幕以及各界政商人士的參訪活動，當時前來的人非常多，遊覽車每天數以百計，當時陸根田負責接待，會給予前來參訪的朋友，每人一個慈濟當天現做的素食便當。在兩天的活動中，大家忙上忙下，陸根田光是送便當都送到手軟了。

辛苦了兩天下來，陸根田星期五傍晚回到家時，突然覺得身體不適，但不是很嚴重，就只是腹部悶悶的痛。本來想說大概是白天太忙了，飲食太急躁所以腸胃不舒服，就去住家附近的診所檢查，沒想到醫師告知，可能是俗稱盲腸炎的闌尾發炎，由於小診所無法動手術，就建議他去大醫院看。但那時候已經是星期五晚上，所以陸根田直接掛急診，醫生確認是闌尾炎，需住院觀察，不過第二天是星期六，院方說沒有醫師動手術，必須等到星期一才能開刀。

後來發現狀況似乎不能等到星期一，雖然不是急迫到當場很不舒服，但是終究要再拖兩天，恐怕會併發腹膜炎發生。陸根田想到，才剛忙完送便當的臺北慈濟醫院，正準備星期天開幕，所以他就向大舅子何日生打聽，是否能在開幕當天開刀？何日生一聽，覺得這種狀況不能拖，於是就立刻安排相關聯繫事宜，總之，星期日一大早，陸根田就到剛開幕的臺北慈濟醫院報到了。

沒想到一進到醫院裡，發現眾人萬頭攢動，現場不只有民眾，還有各地的媒體。一聽到手術室今天就有人要開刀，大家蜂擁的守在病房門口。陸根田的闌尾炎雖然腹部痛，倒也不是緊急的重大傷病情況，看來無涉生命，記者就更無忌諱的上前拍攝採訪了。

當時慈濟醫院的手術設備已經很現代化了，陸根田那天的手術是微創手術，只需要在腹部開三個小洞，用奈米級儀器進去患部做處理，手術只是一、兩小時的事，陸根田手術完畢後，就回到休息室休養。等到清醒時，旁邊就有記者的攝影機，在拍攝手術完的情形。

第一天開幕，記者前來採訪慈濟醫院「仁醫仁術」的情形，第二天陸根田還躺在病床上休養，　證嚴上人更是親自來巡房，親切的詢問陸根田開刀後的恢復情況如何，並祝福他早日康復。當天慈濟醫院因為剛開幕，整個病房只躺著三個人，一個是待產的孕婦，一個是腿部有問題尚在觀察中，所以只有陸根田是不折不扣臺北慈濟醫院第一個開刀案例，這就是臺北慈濟醫院第一刀的由來。

當時開完刀後，主刀伍超群醫師跟陸根田說，原本盲腸已經瀕臨破裂，可能會發生腹膜炎的，還好當場發現就處理了。也就是說，那天的盲腸炎症狀其實非常危急，幸好陸根田有來醫院馬上開刀治療，否則要是真的等到星期一，盲腸炎的情況可就嚴重了。

故事還有後續。

慈濟醫院真的是醫術高超，陸根田第一天開刀，第二天觀察（當天其實就已經可以下床了），第三天就直接辦理出院了。由於陸根田剛好輪值精舍護法志工，覺得自己的身體沒有什麼大礙，第四天便繼續去擔任精舍護法志工了。也真是很巧，當護法的第二天，　證嚴上人和各部會主管要在花蓮靜思堂開會，當　上人正要搭電梯上樓開會時，在電梯裡正好遇到陸根田，便問他：「你不是才在新店醫院剛動手術？」真的不愧是　上人，慧眼明晰，竟然還記得陸根田。

這也是陸根田對做志工的感觸，做志工純付出，無所求，但冥冥中終究會有所回報，就像這回的盲腸炎手術非常成功，如果沒有開幕前送便當的付出，病情狀況是很難預測的，所以說這就是一種無價的回饋。

行善後的感觸

加入志工後的心得，陸根田最大的感觸就是「忘了自己在做志工」。當付出已經成為一種習慣，不求名不求利，那就是志工的境界，他覺得自從加入志工後，心境日漸有了大轉變。

陸根田身為老闆，每天要操煩的事情很多，跟客戶做生意會煩惱履約問題，管理員工還會碰到各類的狀況，總之無日安寧，總有令人煩心的事。然而加入慈濟志工後，當然不是說那些問題就突然消失了，沒那麼神奇，而是指心境上變得不再糾結。以前煩惱東煩惱西的，終歸一句話，就是「看不開、放不下」，工廠端也煩，食安端也煩，還有機器壞掉、缺工等瑣事，都煩。

如今為何比較釋懷了？就是因為在人群中付出，幫助貧病窮苦人，體會「見苦知福」，也看出自己該珍惜現有的幸福，因此對每天發生的事就不再糾結了。那種境界，晚上不失眠，吃飯可以輕鬆，就是心安自在的境界。除了事業上，面對生活中的困擾，也可以用超然的心境對待。自從陸根田加入慈濟志業以來，蘭揚食品的發展是平順的，整體有著成長曲線，似乎不去太計較什麼商場利益，最後反倒讓生意越來越好。

原來這就是快樂。快樂不是你設定一個目標想賺大錢，然後賺到錢後就快樂，賺錢這件事永遠不會滿足，人總會要求越來越多，證嚴上人說欲望總是「有一缺九」，永遠無法滿足，最終還是不快樂。任何追逐物質享受的快樂都是短暫的，食色都是生命中無常，如鏡花水月。真正的快樂要發諸內心，當你不求回報，願意發乎一心就是想幫助人，那樣心安自在的付出沒有壓力，就是「甘願做、歡喜受」。

當你看到你的付出讓一個人得到幫助，你是快樂的，而且那樣的快樂永遠都不消失，只要你想起你曾經這樣幫助人，作夢也會微笑。當然，並不是要你刻意去記住對誰有恩德，這只是一種生活的日常。

如今陸根田穩紮穩打的作生意，很多事憂心也沒用，只要做事對得起自己，一切都坦蕩蕩，毋須憂煩。公司的營運也就有如天助般，這四十年來雖有辛苦，但都還算平順。

因此陸根田後來助人也不限於擔任慈濟志工時候。陸根田平常就廣結善緣，以蘭揚的名義捐助清寒學生的助學基金、關懷社會弱勢團體捐贈食物、透過天主教的慈善團體推廣善意溝通工作……，幫助人這件事已經深入自己和家人的日常基因，每天自然而然就會發善念做善事。這就是一種善經濟，當一念善心形塑，後來還會開枝散葉，影響周邊的人，大家都來行善，到頭來受益的還是自己。

善經濟，帶來善的循環。陸根田也很有感觸，在父母親健在時讓他們加入慈濟榮董，而且以父母親的名義捐助行善。後來媽媽檢查出罹患肺癌，也是去臺北慈濟醫院診治，從痊癒到失智到往生，隔了六年，已經比一般估計的癌後壽命要長，這也要感謝臺北慈濟醫院黃俊耀醫師的仁心仁術。

如今雖然陸根田的父母皆已往生，但作為子女的在他們在世時克盡孝道，也希望父母在天之靈，可以去到吉祥幸福的西方極樂世界。

懷念父母親

關於志業，關於人生在世的種種善行善念，陸根田最後要回顧自己的父母。

二〇一九年五月母親節前夕，母親當選了宜蘭縣模範母親。這是一件不容易的事，因為陸媽媽不只是得到玉田村、礁溪鄉的肯定，而是得到整個宜蘭縣的榮耀，是屬於縣籍的模範母親。

每年度一整個村只推選一位模範母親，每一鄉也只表揚一位到縣級，名額極為有限，而那年陸媽媽從礁溪鄉十八個村中遴選，獲得這個榮耀。所有的甄選過程都是公正公開的，但那些參選資料，則是陸根田花了幾天的心思，用心去蒐集資料而撰寫的，當時他回到鄉里時，透過不同的場合跟鄉親長官介紹他母親的偉大，這也是陸根田送給母親最佳的母親節禮物。

那年陸根田的母親已經高齡九十三歲，但神智都還清楚，當時雖步履緩慢，也還能親自上臺與礁溪鄉長及宜蘭縣長領獎。臺下的陸根田以及幾個兄弟姊妹，看著母親驕傲的舉起獎牌，大家都感動到淚眼模糊。再後來幾年，母親就逐漸身體衰弱失智了，但她心中永遠記得做一個母親的榮耀，此生已無怨無悔。

陸根田說，她母親出生的那個年代，臺灣經濟貧困，身為農家子弟日子不好過，後來嫁到陸家，每天也都在操忙著，辛勤的撫養七個孩子長大。陸根田自問，雖然不敢說自己有多大的成就，但是在母親心中，他還是值得媽媽驕傲的孩子，只是沒講出來。

像爸爸和媽媽這些日據時代出生的人，其實個性都比較保守，在陸根田的印象中，父母沒有跟他說過什麼「愛你、感謝你」這類的話，也沒什麼擁抱這類的溫情接觸，但爸媽就是用實際行動，教養好子女至成家立業。

當年陸根田考上高中，他是家族中第一個念到高中的，媽媽表面上雖然沒說什麼，家中的日子也一切如常，陸根田一樣每天上學前及下課後都要協助家裡農務，但是媽媽對他的愛，他一直都知道，這表現在許多地方。例如帶去學校的便當，陸根田就感受到濃濃的母愛，便當最少都會有一顆煎蛋或一塊肉，每一口都吃得出母親暗藏了許多愛心。經商期間回到家用餐，母親也都會特別夾好吃的菜給他。

對媽媽的感恩無窮無盡，而日後事業有成的陸根田，除了常有機會去陪伴，以及用父母的名義做功德行善外，平常若父母需要錢或物資，不需開口，只要哪裡有缺，陸根田都說沒問題。

特別是春節時候，每年陸根田不只包大紅包給父母各一份，而且還會特別準備一大疊的紅包，讓爸媽可以一邊發紅包一邊讓乖孫拜年。而父親每次都會把陸根田給他的紅包，大剌剌的插在胸口口袋，讓來拜年的人可以分享他的榮耀。陸根田對媽媽也是如此，爸爸過世後，只剩母親，每年春節也是一群孫子孫女承歡膝下，陸根田會守候在媽媽身旁，幫著媽媽一一點名，被點到的孫子上前來跟奶奶領紅包，說聲吉祥話。

二〇二一年春節，陸根田的母親雖已行動遲緩，但還是能清楚地數著紅包裡的鈔票；然而二〇二二年春節，此時母親已經失智，什麼人都不記得了，手上拿著的紅包，也不再會去數了，全家人都知道，母親的時候快到了，當年陸媽媽也已高齡九十六歲。這個總是嚴以律己，寬以待人的好母親，到了三月春，生命走到了盡頭。安詳離世時，所有的子孫皆隨伺在側，她沒有帶著遺憾，圓滿走完人生的最後旅程。

在陸根田的母親停柩期間，慈濟精舍常住師父也到老家來向母親誦經念佛祝福。出殯時，廠商、賓客贈送的祭品、花籃等綿延上百公尺，長官、議員及親戚朋友、慈濟人等，好幾百人特別前來向陸媽媽捻香祭拜，可見陸媽媽的好人緣。

投入慈善公益無怨無悔

為社會付出的方式有很多種，不一定有錢才能做慈善，任何人只要秉持著善念，就算是幫鄰居留意看好他們家中行動不便的老人，也是一種慈善。基本上，慈善付出可以簡單分為出錢、出力兩大類，當然真正的慈善義行，會是兩者皆備。無論何者，重點是存乎一心的「善」，真正的慈善大愛，無論是出錢或出力的付出，都是不問收穫，也不會對外炫耀。

陸根田和夫人參與的社會公益非常多，不僅僅是慈濟大愛體系，也包含企業本身長期透過義賣或捐助做慈善，以及藉由其他超越宗教、地域等不同團體的行善付出，例如透過基督教會體系行善等等。不過投入時間最久、付出最多時間精力的，主要還是慈濟。

認識志工制度

整體來說，一般民眾若有心要當志工，可以參與的方式有兩大類，一個是隨機型的，就是響應一些團體舉辦的活動，好比說淨灘或義賣等等，另一種則是常態有組織型的，也就是正式加入一個團體，例如大家熟知的獅子會、扶輪社，以及各類型宗教組織的志工體系。

基本上，有組織的體系，大家當志工會比較長久，不會三分鐘熱度。透過制度化的導引，不論是人員培訓或工作分配，也會比較有效率。畢竟慈善義行不該是隨性的，好像在休閒打發時間，而是必須有一定的規畫運作，行動時也該有領導管理，讓資源充分運用。

慈濟不管是在臺灣或者是世界各國的善行組織標準來看，都是有組織的慈善團體中，最具規模也最有制度的，要成為正式的慈濟人，必須經過嚴格的培訓與考核，而正式投入志工後，包含服裝以及禮儀方式等，也都有一定的規範。

心靈故鄉精舍護法志工

以精舍護法志工來說，這不只是一種服務，對大部分的慈濟人來說，這已是一種榮耀，能夠近距離和精舍師父學習，感受到慈悲德澤。陸根田所屬的北投二，都會報名擔任慈濟精舍護法志工，到本書出版為止，陸根田依然都會去參加，也因此，他算是資深的精舍志工，對忙碌的他來說，都會盡量參與這樣神聖的任務。由於商場上很多突發狀況，每每陸根田提前報名要去花蓮當志工，但遇到臨時有重要的食品會議，或是政府邀請公會必須開會時，他就有可能第一天晚點到，或者第四天提早告退。

位在花蓮的慈濟精舍，也就是　證嚴上人及常住師父生活作息的主要場所，每天會有精舍師父協助服務相關的生活起居及日常運作，同時也需要一定的人力，幫忙精舍每日的大小事。由於精舍屬於非商業營利性質，　上人和其他師父們的生活也盡量簡樸，因此很多工作並不特別外聘人員，諸如保全、打掃、整修人員等，而都是由慈濟人自己擔任。

雖說是志工服務，但是在慈濟體系中，依然有嚴謹的規定，不論你平時的職位是某某董事長或是某某官員，擔任志工就是志工身分，都是要盡心付出，各項清潔工作、維護安全工作都要承擔。

以每天的工作大致流程來說，清晨三點二十分前就要起床，精舍志工要先去整理早課的場地，一般法眾會在三點五十分打板起床，四點二十分開始做早課，聽　上人開示。在那之前，包含地面清潔、窗戶打開、蒲團整理等都要做好，讓一切定位就緒。若前一晚不巧下雨，有可能地面會比較潮濕，也都要在早課前清理完畢。等準備妥當後，精舍志工們除非另有任務交派，不然就會跟著一起做早課。

接著一整天的任務包含多樣，簡單來講，志工就是協助精舍師父及領隊圓滿各種勤務，其中三個常態的任務分別是維護安全、會場秩序以及賓客接送。維護安全顧名思義，就是守護精舍安全，精舍的前後門都會派志工支援，讓會眾循序漸進入精舍參訪。

另一個重任是接送賓客，這部分後來成為陸根田最常受委託的機動任務，那是因為他本身對花蓮當地環境比較熟悉，長年來花蓮做志工（包括慈濟醫院志工，過往也當過八年的慈誠爸爸，關懷慈濟大學學生）。對賓客來說，熟悉在地路線很重要，特別是有時候賓客要趕赴機場或火車站，若司機不熟路況或碰到塞車，不知道如何反應（是的，就算花蓮也可能會塞車），擔心會耽誤到交通搭乘，由陸根田擔任這樣的重任，他都能讓賓客安心的到達以及返程。

除了在精舍外，如果　上人去市中心的靜思堂開會，靜思堂位在慈濟醫院、慈濟大學同一個區塊，每回　上人行腳，志工們也會一起陪同跟去，主要是維護

交通以及守護　上人等工作。某方面來說，　上人也是眾人尊敬的法師，當他出現會帶來場面秩序騷動是免不了的，有時候像一些比較大的節日，　上人所到的地方更是萬頭攢動，而陸根田他們就要在場維護秩序。

精舍志工的其他服務，像是精舍茶水、包裹文件收發等，經常一整天就這樣東忙西忙，一下子就忙到晚上。精舍志工們的作息跟常住師父及所有信眾一般，晚上九點四十分止靜前，要把一切都打理好，準時於敲板就寢。

回首過往像是一晃眼般，陸根田年年去精舍當志工，也匆匆二十多個寒暑過去。時代一直在變遷，但不論外在環境如何紛紛擾擾，　上人以及精舍的氛圍永遠慈祥莊重，就像是這個世界上一股穩定的力量。

擔任社區志工

擔任精舍志工這樣的任務，一年頂多兩次，這對慈濟人來說，比較像是一種朝聖般的體驗，志工平日最常做的，還是在地的服務，主要做的是社區志工及居家關懷。居家關懷是慈濟每個月的常態，基本上針對自己的所屬轄區，透過社會局或里長通報，或有些師兄、師姊自己的發現，找到在地一些需要關懷的對象，像是哪一家有變故、哪一家有孩子沒錢念書、哪一家賺的錢不夠生活……，基本上慈濟這邊都有清單，另外，也會有緊急急難的救助情況。

陸根田前陣子還在北投三時，比較長時間負責關懷的一戶人家，那是一位因車禍不幸失去雙腿的中年男性，平日靠義肢走路，後來買了一輛電動輪椅代步。他不僅因為肢體障礙影響工作，也曾有很長一段日子整個人自暴自棄，認為人生看不到未來。在那個過程裡，陸根田經常給予他輔導安慰，鼓勵他這世界上還有很多更悲慘的人，許多人終日躺在床上，連吃飯都要靠人幫忙，相較來說，這位先生還可以靠拐杖義肢走路，行動雖然不便，但各種生活還是可以自理。

不過這人有個長期的壞習慣，就是戒不掉檳榔，明明經濟窘迫，每天卻還要花上數百元的檳榔費。陸根田也跟他開導，各種補助以及善款，都是來自社會人士的愛心，有錢要用在生活必需品上，陸根田總是苦口婆心勸他戒檳榔，找回自信更陽光的過日子。

相較於金錢補助，慈濟人更多的就是像這樣精神上的鼓舞，畢竟這世上苦人多，即使慈濟有再多的善款，也無法一一照顧每個人，依現在情況來看，慈濟在全臺針對弱勢家庭的補助費用，都要占去支出的好大部分。基本上，慈濟希望受助者能夠很快自立生活，才能把善款用在另一個苦難人身上。

許多時候，陸根田會跟幾個慈濟人去做居家關懷，但不一定是補助送錢，取而代之的可能是生活用品，主要還是看該住戶的狀況。他們經常也會跟廠商配合，好比麵包店會有隔日麵包，其實限期未過還算新鮮，就可以提供給弱勢住戶食用。

對於有工作能力的成年人，可能只是一時碰到急難的狀況，此時慈濟雖然會伸出援手，但還是希望對方早點站起來自力更生。過程中，陸根田也看到許多社會現象，有的弱勢家庭並非完全沒有資源，例如他關懷的這位身障朋友，家人對他就比較冷漠，甚至要去醫院也沒有家人陪伴，陸根田就協助他一起去。像這個個案就關懷了他好幾年，後來因為轉換到北投二才換手他人，繼續輔導這個任務。

當然，金錢也是必要的，生活中的大小事都離不開錢。慈濟秉持著救助關懷的精神，訪視志工也會開會依照個案狀況做不同的規畫，包括金額多少以及救助期限長短等等，如果可以看到那些被幫助的人，能夠自己站起來展開新的人生，那是陸根田及慈濟人最欣慰的事。

救災志工

比起一般的居家關懷，當災難事件來臨時，需要幫助的人情況就更緊急了。陸根田是在二〇〇〇年受證慈誠，就接連碰到需要大規模進駐救援的情況。在受證前一年九二一大地震時，陸根田還非正式慈誠，他受證後第一個參與的災區救助是新北汐止。連續兩年，上天給予汐止很大的打擊，先是二〇〇〇年的象神颱風，讓汐止成為水鄉澤國，結果隔年又遇到納莉颱風，汐止再次遭逢水災這樣的人間噩夢。

許多人家裡不僅淹水，甚至水淹到二樓，不但自家的財產都泡水，甚至還差點連命都保不住。許多人家因為大水，一輩子的辛苦都沒了，看著一望無際的汙水，連淚都流不出來，整個人木然喪失鬥志。

在這種非常時刻，慈濟人總是在第一線付出關懷。慈濟志工不是僅憑著一股熱誠，而是有組織、有紀律。每回救災，都會分配個人任務，責任區域。二〇〇一年九月的納莉風災，北臺灣造成重大災情，慈濟人總動員，陸根田跟北九區第二組委員，被分配關懷的區域，位在汐止靠近高速公路附近，大家帶著一封封證嚴上人的慰問信，連同家家戶戶的急難救助金，挨家挨戶送上全球慈濟人的關懷和祝福。

颱風過了，水也已退去，這時候去到災民家，看到的是滿屋泥濘，從牆上的水痕也可以清楚看到淹水的高度。多數時候屋裡已經空掉，因為泡爛的家具逐一被第一批的志工以及軍隊和政府救災人員清理掉了，陸根田他們當時的主要工作，則是協助慰問及發放急難救助金。

關於救災，另一個讓陸根田印象深刻的是二〇一五年，烏來同樣也是颱風災區，當年蘇迪勒颱風讓烏來地區土石崩落、道路掏空，許多人家也都流離失所。他當時搭乘慈濟專車前去烏來現場救災，那段期間烏來也是封路管制，除了救災單位外，一般人無法進入。

到了分配的救助區域，放眼望去真是慘不忍睹，因為受到雙重的災害影響，泥流侵入整個社區。第一個災害是由天而降的土石流，第二個災害是河水上漲灌進了大量泥砂。那時陸根田看到民宅裡面的泥砂高達一公尺高，光是那場景，看了就讓人心冷一截，但還是得一畚一畚的清理。

就這樣，陸根田跟著其他師兄師姊，用鏟子一家家協助鏟出汙泥，那些跟汙水融合一起已經變成了黏土的泥山，非常難鏟，並且鏟出後還要搬至指定地點。當外頭大型的泥堆可以靠機具來清理時，民宅部分卻完全只能靠人工，而且有的地方還要深入地下室，沒水沒電的純勞力，沒過多久就滿身是汗，陸根田自己也融入泥山裡，成為一個泥人。

就這樣辛苦鏟泥鏟了三天，再由下一梯志工來替換。陸根田坦言，他自己覺得身體算是很強壯的，但連他都覺得這樣的操勞讓他回家後整個虛脫，是他所參與的志工義行中最耗體力的。除了協助清理環境，慈濟對於重大受災戶會直接給予救助金，對於參與救災的人員以及受困居民，每餐都會發送由慈濟香積志工當天烹煮熱騰騰的素便當。

災害發生時要救苦救難，災難後慈濟志工也會協助重建工作。例如當年九二一地震後，慈濟在災區蓋了五十一所學校，陸根田當年也常去協助重建，並參與了不少的景觀、圍牆及連鎖磚等工程。他也在災區協助推廣素食，因為那時慈濟的賑濟便當或桌菜都是素食，除了希望讓災民及救災工人們吃得飽，也能夠了解茹素愛地球的重要。

醫院志工

陸根田早在尚未受證還在見習時期，就已經去醫院做志工，到後來隨著年紀漸長，他投入醫院志工時間更多，每年大都不間斷。他所服務過的醫院包括花蓮的慈濟醫院、玉里的慈濟醫院，他也去過臺東關山的慈濟醫院，當然更常去的是離家裡比較近的臺北慈濟醫院，他還因為在開幕前送便當，後來自己盲腸炎就在慈濟醫院開刀，成為臺北慈濟醫院第一刀。

醫院志工要做什麼呢？由於他們大部分人都沒有醫護相關背景，所以他們的任務就是協助正職醫護人員處理瑣碎的雜事，畢竟醫護人員本身已經很忙碌了，根本無法抽身處理這些雜事，因此所有的雜事都交由志工團隊來負責。也正是因為有這樣的志工團隊，所以慈濟的醫護人員能夠更專注在跟病人息息相關的醫病作業上，也更能做好親民。多年來，慈濟醫院的醫、病、親關係都是令人稱道的，背後的無名英雄，就是像陸根田這樣的志工團隊。

醫院志工分配的服務區域，主要是大門口進來到大廳，因為到處人來人往，病患跟家屬混雜，並且大部分人都處在焦慮擔憂的心境中，情境管控也較差，這樣的時候，就需要有志工來維持秩序。其他像是掛號處、批價處，還有每個病房以及 ICU（也就是加護病房），都需要志工幫忙。

陸根田最常被安排在急診室服務，這也是一個可以近距離感受到人生無常的地方。這世間又有什麼場域，能夠像醫院急診室或者加護病房這麼貼近無常？有許多人可能前一天都還生龍活虎，第二天卻奄奄一息地被緊急推入急診室，在急救措施中，有的人被救活了，有的人就真的從此告別人生。也有許多人躺著被推進加護病房，進去後可能就不再能活著出來了，看著家屬甚至來不及說出最後道別，有者哭得肝腸寸斷，有者已經欲哭無淚，醫院真是個充滿悲傷也見證人生無常的道場。

身為非醫護科系出身的志工，像陸根田他們這樣輪值急診室的人，也是很辛苦的，基本上除了醫護工作外其他的事，都要協助醫護人員分擔。例如要緊急病患的推車推進來，平常要戰戰兢兢地待命，因為這種事不知道何時會發生，一發生都是人命關天，要與時間賽跑，只要一接到通知有急診病患，就要趕快衝去協助。另外，也有一些看起來暫時無性命危險，但可能因為某些身體不適而來急診的，志工也需幫忙照顧，扶他們上病床，一旁陪病的家屬，也得前去安撫及安排座椅。

病患若有家屬陪同是最好的，如果沒有，志工就要代替家屬，幫病人做這做那的，包括扶他們如廁，或者要照X光也要在一旁協助。其他像是氧氣筒不夠趕快去調度，傷者哪裡傷腫，要幫忙拿冰塊冰敷……等等，雖然不是站在第一線的醫護人員，但他們跟第一線一樣也是充滿壓力，往往醫院志工服務一整天下來，不只是跑來跑去做搬或推的動作，整日全身汗流浹背，神經也常處在緊繃狀態。

這算是慈濟醫院的特色，陸根田在從事醫院志工時就想著，如果沒有像他們這樣的志工在現場幫忙，那麼這些讓他忙得一身是汗的工作，就都落在醫護人員身上了。

試想，醫護人員原本要做病患或傷者的緊急處置，已經忙得焦頭爛額，特別是當重大事故發生時，一下子湧進很多傷患，那些傷者都是處在分分秒秒緊急的時刻，一旁的家屬又在那裡坐立難安。如果醫護人員要緊急做診治，又要去處理這些雜務，無怪乎醫護人員自己也容易情緒失控，就算醫者仁心，也可能講話讓人聽起來比較不客氣，或者被視為不重視患者及家屬等等，許多醫病衝突也可能因此發生。事實上，這正是許多醫院之所以會產生糾紛或負評的原因之一。慈濟醫院體系因為貼心地想到這一層，能夠藉由慈濟人擔任志工，來為醫護人員分憂，所以慈濟醫院的醫療品質才能備受稱譽。

當然，就算是不用直接處理傷病醫治工作，身為醫院志工，還是必須接受基本訓練，此外，基本上也希望由資深志工來擔任，否則有的志工不熟悉醫院流程，甚至走在醫院裡還會迷路，在診間比病患家屬還緊張那就不好了。像陸根田這樣子的資深志工，已經對各項任務很熟悉，不需要醫護人員吩咐，就能自動自發知道什麼時候該準備什麼東西，一些物資像是被單、冰塊、氧氣筒等放哪裡也都知道。還有非常重要的病歷表單，從前電腦化還未普及時，也都是靠著醫院志工趕場送病歷，以前的病歷是放在專車上推到病房，處理好後又要送回，不能有遺失或搞錯，責任相當重大。

相對來說，在醫院大廳服務就比較輕鬆一點，但也必須整天繃緊神經，留意各種狀況，畢竟我們透過電視有時會看到有病患或家屬失控，為了排隊等候看醫生之類的事，對醫護人員吼叫，甚至發生過醫院暴力等，在現場的志工就要協助維護秩序，以及做種種的安撫。當病人看完病和家屬走出大廳時，最後也是在志工禮貌地關懷下離開醫院，記得這時候要跟病人說祝福的話，要說「慢走」或「祝福您」，絕不能說「再見」。關於這些，也都是醫院醫療志工職前訓練時會被教導的。

長年從事醫院志工，讓陸根田更懂得知苦惜福，每天看著一幕幕上演的生離死別，就要感恩自己還能健健康康地站在這裡當志工，當下更能懂得付出的可貴。當手邊沒有緊急任務時，陸根田也會被安排去擔任助念志工，對於有佛教信仰的病患家屬，當最終病人必須走上那條路，助念志工會去助念室（太平間）陪伴家屬，為亡者助念，祈福亡者離苦得樂，往生西方極樂。

慈誠慈懿會志工

慈懿會就是擔任慈濟教育體系學生們的另一個爸爸媽媽，秉持父母心輔導陪伴的方式，使學生能夠學習成長，這也是慈濟教育組織才有的服務。陸根田在二〇〇〇年受證後，同年就加入慈懿會，開始擔任慈濟大學的慈誠爸爸，一共服務過兩屆共八年。其實這也是很難得的緣分，因為一般都是受證後幾年，才有機會承擔慈懿會志工，但陸根田及其師姊，因緣際會地在北九中隊組長靜暘師姊的號召下加入，剛好可以去做這樣的志工服務。

所謂志工，自然是一切都要自己付出時間、金錢，每個月大老遠搭車去花蓮慈濟大學關懷，每回總是要跟分組分配到的大學孩子噓寒問暖，關懷備至，並一起用餐。事實上，這也是學生們每個月很期待的事。

慈懿會是慈濟教育體系（包含慈濟大學，以及原本的慈濟護專，後來改制為慈濟科技大學，和慈濟中學等）的專屬福利。基本理念是關懷那些來自外縣市的孩子們，由於他們遠離家鄉來到花蓮，還是孩子的他們可能不熟悉環境，會有害怕會有迷惘，而慈誠爸爸及懿德媽媽們就來扮演他們的另一個爸媽，陪伴他們學習成長。陸根田及其師姊第一次陪伴的是醫技學系學生，第二次是公共衛生學系學生。編制上，每十個學生會有一個慈誠爸爸（慈誠）及兩個懿德媽媽（委員）組成。

在從前很長的一段時間，搭車到花蓮是很不容易的，火車票經常一位難求，往往要提前一個月就訂票，那時幾乎一整列火車都是慈濟人。每個月會預先訂好時間去校園陪伴孩子，聽聽他們的心聲，了解有沒有需要協助的地方。學生們儘管多半都有自己的父母，但許多時候有心事卻不方便跟自己的爸媽講，畢竟爸媽的立場都是要孩子好好念書、乖乖表現，若孩子有什麼不同的意見或受到委屈，甚至像是成績考差了或是談戀愛這類的事，就不方便跟自己家人說，而是跟慈懿會爸媽聊天，比較輕鬆自在。

陸根田就是扮演著不給孩子壓力的另一個爸爸，他們這樣的志工，讓學生有多個靠山的感覺，這也是一種學習的潤滑劑，透過慈懿志工的制度，讓學生的一些彆扭或者心理無助得到紓解，也較能專心念書，好好配合師長的課業吩咐。

就這樣連續八年，陸根田月月不斷地照顧好他所分配的學生，各種重要場合，像是畢業典禮、運動會或參加各式比賽等，慈懿爸爸、媽媽不會缺席，永遠在最需要的時候能夠在現場，給予孩子掌聲與喝采。

這些孩子至今都還跟陸根田保持聯絡，看著他們從十八歲的青澀孩子，到後來畢業紛紛成家立業，許多孩子的結婚典禮，陸根田也受邀到場當貴賓。基本上，當時的相處時光都是和樂，超越年齡隔閡可以打成一片的。

無論如何，陸根田透過擔任慈懿會志工，讓自己可以跟年輕人的思想接軌，也了解現在孩子在想些什麼，以及他們流行的語言。試著讓自己跟不同世代的人交流，可以開拓自己的視野。

也就是這樣，藉由參加不同類型的志工，精舍志工、救災志工、社區志工、醫院志工、慈懿會志工……等，陸根田覺得慈濟的志工體系，既能讓這麼多有愛心的社會人士有一個很好的平臺，可以幫助有需要的人，並且這也是一種生命道場，讓他可以學習到許多無形的東西。

其他的慈善義行

陸根田夫婦是長年的慈濟慈誠及委員，二十年來出錢出力不遺餘力，除此之外，夫妻倆也分別在不同的領域投入慈善義行。例如他們是中華善意溝通修復協會的創辦人之一，顧名思義，該協會以推廣善意溝通應用，以化解衝突、修復關係及情緒教育等為宗旨。

比起一般的慈善，主要是針對已經發生狀況的弱勢，諸如貧困家庭或受災戶等。「預防式」的慈善關懷，則聚焦在孩子互動間免於衝突，透過教導及陪伴，讓孩子做好正確的人際關係。趁著孩子仍在摸索的成長階段，就給予他們人生指引。這可以帶來一輩子的影響，不但能提升當事人本身與家庭良好互動關係，也可以為社會種下未來和諧的種子。

基本上，陸根田也能夠將事業、家業與志業兼顧，慈善便當就是一例。蘭揚食品本就有餐飲事業產品，在新冠疫情期間，陸根田夫婦及大兒子，與公司同仁一同協助製作優質的西式便當，響應慈濟以送愛心便當的形式，免費提供兩千五百個便當給周邊醫院，包含臺北慈濟、榮總、振興、陽明、新光、臺安等醫院。透過這些便當，讓為疫情辛勞的醫護人員，午休時間可以不必外出，就有美味可口的素食便當送來。

蘭揚食品所提供的特色餐盒，具有創意又營養，頗獲大家好評，像是素漢堡、素麩捲系列，就有醫院反應實在太美味了，醫生、護士讚不絕口，還要多送幾趟。陸根田也都不吝惜付出，醫院想要追加多少，蘭揚食品就贊助多少。除了提供給醫院醫護人員的愛心便當外，蘭揚食品也敦親睦鄰，發送愛心食物給周邊的相關家扶中心或照顧中心，並透過在地里長，提供熱銷食物給有需要的弱勢家庭，並陸續捐款給學校助學金或校務發展基金。

陸根田夫妻長年行善，上天也帶來福佑，讓蘭揚食品持續茁壯成長，欣欣向榮。

願景篇

抱持感恩的心，陸根田希望未來日子裡，他的慈善義行以及蘭揚食品事業都能日有所成，不斷精進。在善行方面他學到了三件事：

第一，做人做事都要身體力行，也就是凡事要真正去做，不是只會講、只會想。像行善這樣的事，就是要捲起袖子，真的去流汗去幫助人。力行，才能得到圓滿。事業經營也是如此，總要誠懇踏實真正去做，才有所成。

第二、人生到老，終於體悟到要付出要捨得。這世上有些人擁有越多的錢越不捨得付出，一心只想賺更多錢，但就是連幾百元的功德款都捨不得掏出口袋。人生太過執迷於錢財或任何物質享受，到頭來終究會發現都是帶不走的。

第三、取之於社會，用於社會，要心存感恩。如果一個人若是一味地只想福利不想付出，這樣就不好了。任何企業能夠興旺，包括任何一個人能夠在社會上立足，背後也是有政府的力量。所有公共工程、基礎建設、水電交通，還有法令保障你的生命及財富，背後都有國家的力量、社會的力量，繳稅本來就是國民的義務。推而廣之，我們每個人能夠有今天的生活，不論是創業或者上班族，背後都是因為有許許多多的人付出，因此我們更應該要懂得感恩。

六十歲後的心境

年輕的時候過慣了苦日子，養成陸根田長年來節儉的習慣，他甚至連手機電話費都很省，能打市話就打市話。但這樣的他，對於行善布施卻毫不遲疑，例如當年贊助大愛臺公益廣告以及平常的義賣，甚至是社會上的各種捐助。

那是不同的概念，對自己的生活來說能省則省，這是一種長年節儉、愛惜物力的習慣。但是對於公益不落人後，那是一種心境上的成熟及領悟，陸根田已經做到能捨得，追求的人生圓滿而不計較。

包括在商場上和公司治理上也都是這樣，不是說不與人競爭，那有違商業現實，但就是要合理地遵守商業法則的公平競爭，不會不擇手段去爭取生意。陸根田管理員工時，從前年輕時候要求比較多，現在年過六十，對員工也變得比較寬和。對於員工的犯錯，大錯當然要糾正，一些小狀況就不太計較，畢竟年輕人有年輕人的想法，也無法跟老一輩一樣，在乎太多細節。

依照勞基法規定，雖然現在已改為六十五歲退休，但是陸根田的年資滿六十二歲就可以辦理退休，他則在六十三歲時選擇半退休。具體來說，就是有更多的公司治理事務，交給幹部經理人等執行，他則是花更多的時間投入其他事物，並在二〇二三年就讀淡江大學國際企業學系碩士班（EMBA）。

但畢竟陸根田家中還有一個孩子仍在讀大學中，加上許多海內外的事業發展，暫時還無法由別人代勞，都需要他親自處理，因此他只能半退休。

世代在變，觀念也有不同，有時候，他發現有些年輕人不懂得去協助其他部門工作。好比說公司有客人來時，需要倒茶或咖啡接待，這方面有些年輕人比較不那麼主動，總是要有人幫忙。陸根田會告訴他們，不論從前或現代，做人做事的方法是不變的，除了追求本身利益外，也要懂得互助以及相互感恩。工作中若有可能，順手之勞幫助一下同事或公司事務，這也是一件快樂學習的事。

同理，公司很多小地方就算是沒人說，你看到了也應該去幫忙，好比看到辦公室旁的花草枯萎了，就可以順手去澆個水。更進一步的說，若發現可以對公司更好或建設性的建議，都可以不吝提出，讓公司更有條理更進步。

這也是陸根田年滿六十歲後的心境，他現在很少指責員工，盡量讓他們發揮所長。心境上安靜平和，對人對事不強求，大家快樂相處合作無間，秉持真誠赤子之心。

公司的展望

早期蘭揚食品是以南北貨起家的，中期則著重於水產調理，至於未來的主力，則放在蔬食、素食調理方面，這也是因應大環境的轉化。

很多事的發生，不是人力可以阻擋，好比說很多水產越來越少，這是不爭的事實。人類飲食習慣也在改變，不但為了健康，也為了環保，更為了人們生活的這個地球續命。

蘭揚食品現今的策略，主力還是在蔬食，這部分蘭揚持續研發蔬食產品，甚至一年內相繼推出數十道新品，等待日後時機更成熟了，也會相繼推出。

相對於海產的逐漸變少，而蔬食則有一個優勢，那就是可以種植或養殖。如今蘭揚食品的內銷、外銷體系，蔬食部分廣受消費者歡迎，國內西餐廳也都逐漸可以接受，而外銷像歐美餐廳等，也應用許多海帶沙拉等食譜。其中藜麥毛豆產品還獲得 ITQI 國際風味評鑑所「風味絕佳二星等」獎章。

蘭揚食品除了現在發展主力蔬食、素食及專注於旗下幾大品牌外，未來新的發展有三大主力：

一、網路平臺銷售

近年來網路購物已成為趨勢，加上全球新冠疫情肆虐的因素，網路購物成了當下最盛行的新購物模式，各類電商平臺也是如雨後春筍般地推出。早期蘭揚都以國際參展方式找尋潛在的各國客戶，因網路無遠弗屆，讓世界沒有距離，近年來跨境電商平臺已改變了全球貿易模式。然而同為地球村的一員，蘭揚也以多國語言嘗試以新的電商模式拓展海外版圖，讓更多國家可以直接與蘭揚進行交易。目前蘭揚除了原有的自有官網銷售平臺外，也逐步推進國內各大超商通路、電商平臺及社群團購等，希望藉由網路平臺的力量，讓蘭揚優質的產品，從批發市場慢慢導入零售的客群之中。

二、海外版圖持續拓展與維持

外銷市場除了歐美國家外，也慢慢延伸拓展到東南亞市場，而產品研發除了必須符合當地口味外，也必需有哈拉清真認證符合穆斯林國家食品規範，目前已受到很大迴響。

然而每個國家的客戶必須因地制宜，不同市場有不同的因應策略，例如有些國家僅有單一代理商，全權委託負責，而那家公司也不負所託，每個月都有穩定的固定下單交易。

相對來說，有些人口比較多元的國家，就有多家代理商，這算是特殊狀況，且不妨礙每家原本的市場，也不影響每家的訂單量，最終變成單一市場的營業額暴增。不過這種策略在其他國家就不見得適用了，若是找了第二家代理商，第一家代理商的訂單就會減少，也就是兩家互爭市場的意思。

總之，各國的情況不同，要有不同銷售策略，這也是陸根田至今仍退而不休的原因之一，這些海外市場還是得由他參與規畫商談。基本上，老客戶的下單長期來都很平穩，相較下開發新客戶就比較沒有壓力。

三、抓住銀髮族市場

臺灣少子化以及高齡化現象越來越嚴重，蘭揚的產品研發方向，也朝向銀髮族市場著手。針對銀髮族而言，自然有相對的調理食品需求，以天然、少加工、易消化為主，並且對應不同狀況的長者，可能成分內容也就會有所不同，就更要幫忙把關等等。

除了終端消費的銀髮族外，另有需要大量採購的長照單位，好比安養院、長照中心或醫院等，如何讓長者方便飲食，並在食物中獲得足夠的營養，這是目前研發的新方向，蘭揚食品也於二〇二四年度獲「銀髮友善食品」入選獎研發殊榮。

一路走來，精益求精，追求更好的明天

蘭揚食品從迪化街發跡，販售各類南北貨，銷售多年的經驗，知道顧客最注重的是產品品質，因此在一九九三年首創品牌「海師傅」。

海師傅以嚴選的天然食材，用心生產出包羅萬象的珍味即食料理，不僅以獨特的清新口味取勝，又能保留原食材的口感及營養價值，屢獲廣大消費者的好評。為了滿足日益增多的需求，蘭揚於宜蘭利澤工業區建立符合國內及國際規範的廠房，致力生產安全、衛生又美味的高品質產品。

當時業界及親戚朋友都不看好即食調理市場，認為廚師自己就會料理了，不

需要再花錢外購，推廣的過程不是很順利。但是蘭揚卻在二〇〇三年，還是不氣餒地推出了第二個品牌「花錦季」。

花錦季以輕食沙拉為主，主打優雅美感的概念，將餐食昇華為奢華的感官享受，以繽紛多樣的日式沙拉，讓味蕾全面甦醒，輕食沙拉既不油膩，又可以滿足現代人以健康為取向的餐飲需求。

漸漸的，餐廳與消費者已經能接受方便又省時的調理食品，再加上全球環保意識抬頭及飲食習慣改變，蘭揚便順勢在二〇〇七年推出了第三個品牌「蘭田」。

蘭田以天然蔬食健康為出發點，將大地孕育的天然食材，以低油、低糖、低鹽調理，堅持簡單料理不過度添加，保留了新鮮食材的原味，讓蘭田蔬食的調理食品不只是健康的代名詞，更是友善環境的生活態度。

現代人步調快速，外食需求增加，加上新冠疫情的關係，民眾對方便的健康食物議題更為重視，並且開始關注健康飲食，蘭揚也因應潮流，於二〇二〇年誕生了第四個品牌「Go Markat」。

Go Markat以單人份的小包裝，以穀物、植物基料理為主訴求，開發出藜麥、花椰菜、各式湯品及植物肉等即食方便料理。隔年，蘭揚又乘勝追擊推出第五個品牌「歐米市集」。

歐米市集則是以歐風飲食為核心，並以微波盒設計，打進各大超商及量販店通路，滿足小資族及小家庭的料理需求習慣。二〇二三年為了推廣蔬食理念，整合Go Markat小包裝概念，催生全新蔬食品牌「Land Ten Veggie蘭田蔬食」。

蘭揚食品不僅生產天然美味的蔬食產品，更提倡聯合國所提出的SDGs核心永續發展為目標，並制定及落實ESG發展政策，承諾遵守國際規範，並透過各面向的營運，讓蘭揚食品朝向環境保護（E）、社會責任（S）、公司治理（G）等企業指標前進，實現全球ESG永續經營的理念。

環境保護方面，以開始推廣蔬食調理食品、植樹減碳計畫、全場域溫室氣體盤查及廠區汙水處理管理等，並替換友善環境的產品包材，持續推動低碳永續策略邁進。

社會責任部分，則以多方投入社會公益活動、定期關懷弱勢族群及捐助清寒學子助學金等，秉持取之社會，用之社會的初衷理念。

至於公司治理方面，以持續帶領員工投入公益事業，積極導入AI技術，讓企業數位化轉型，自動化提升生產效率，善用人力資源再分配。同時注重員工福利與權益政策，建立友善、誠信和安全的營運環境。

未來，蘭揚食品致力於食品安全的提升，以健康專業一貫的傳統信念，持續堅持品質優先、研發創新、追求卓越及積極參與公益事業。蘭揚食品深信企業的責任是對產品永久的承諾，以回饋社會、克盡物我的精神去愛物愛人。

期以「蘭芷之鄉」揚名海內外及寰宇。

生根蘭田

稻田裡走出來的蘭陽之光

蘭揚食品創辦人陸根田分享超越一甲子的精彩奮鬥故事

作　　者／陸根田
出版策劃／蘭揚文化團隊
攝 影 者／李錕鐘先生
美術編輯／孤獨船長工作室
執行編輯／許典春
企劃選書人／賈俊國

總 編 輯／賈俊國
副總編輯／蘇士尹
編　　輯／黃欣
行銷企畫／張莉滎・蕭羽猜・温于閎

發 行 人／何飛鵬
法律顧問／元禾法律事務所王子文律師
出　　版／布克文化出版事業部
115 臺北市南港區昆陽街 16 號 4 樓
電話：(02)2500-7008　傳真：(02)2500-7579
Email：sbooker.service@cite.com.tw
發　　行／英屬蓋曼群島商家庭傳媒股份有限公司城邦分公司
115 臺北市南港區昆陽街 16 號 8 樓
書虫客服服務專線：(02)2500-7718；2500-7719
24 小時傳真專線：(02)2500-1990；2500-1991
劃撥帳號：19863813；戶名：書虫股份有限公司
讀者服務信箱：service@readingclub.com.tw
香港發行所／城邦（香港）出版集團有限公司
香港九龍土瓜灣土瓜灣道 86 號順聯工業大廈 6 樓 A 室
電話：+852-2508-6231　傳真：+852-2578-9337
Email：hkcite@biznetvigator.com
馬新發行所／城邦（馬新）出版集團 Cité(M)Sdn.Bhd.
41, Jalan Radin Anum, Bandar Baru Sri Petaling,
57000 Kuala Lumpur, Malaysia
電話：+603- 9056-3833　傳真：+603- 9057-6622
Email：services@cite.my
印　　刷／卡樂彩色製版印刷有限公司
初　　版／ 2024 年 10 月
定　　價／ 480 元
ＩＳＢＮ／ 978-626-7431-62-7
ＥＩＳＢＮ／ 9786267431610（EPUB）

城邦讀書花園 www.cite.com.tw　布克文化 WWW.SBOOKER.COM.TW